身のまわりのあんなことこんなことを地質学的に考えてみた

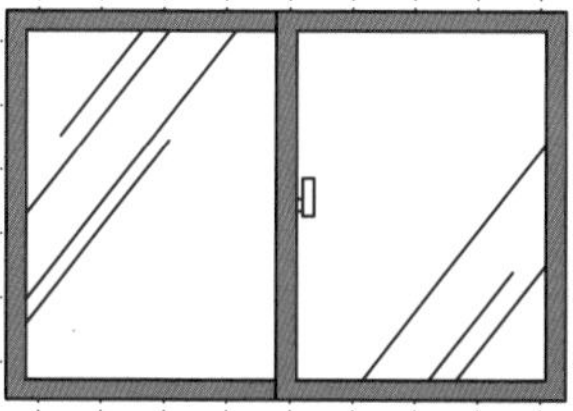

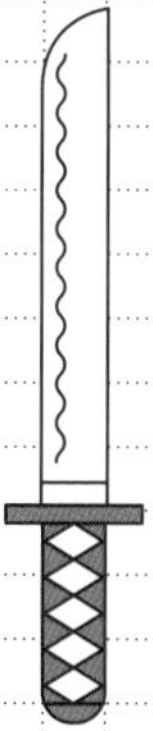

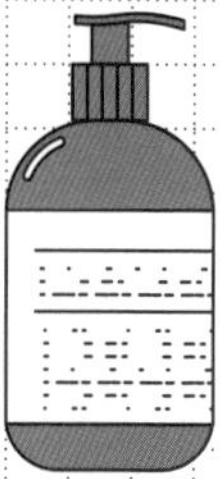

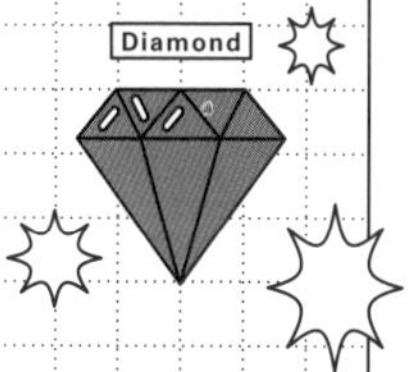

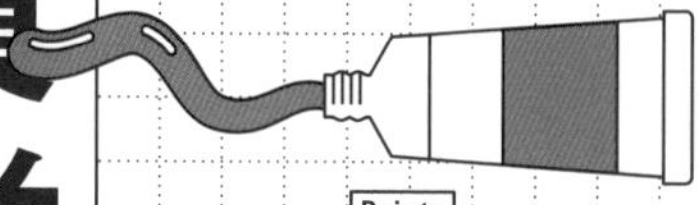

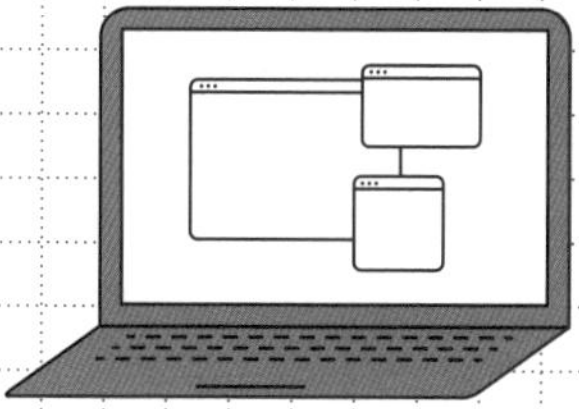

渡邉克晃
Katsuaki Watanabe

ベレ出版

はじめに

「地質学」と聞いて、どんなイメージが浮かびますか？長い時間をかけて堆積した地層、ダイナミックに沈み込むプレート、大量絶滅をもたらすような火山噴火……。そんな壮大なイメージばかりが思い浮かぶかもしれません。

しかし、「地質学」は私たちの身のまわりにもあふれています。何気なく街を歩いていても、家の中で過ごしていても、学校で歴史の授業を受けていても、その背景にはたくさんの「地質学」が隠れているのです。

そして、地質学の扉をほんの少し開くだけで、普段見慣れているはずの世の中がまったく違って見えてくるのです。

地質学は、世の中を理解するためのひとつのツール。他の学問にもいえることですが、知っているのといないとでは、自ずと見える世界も変わってきます。

さて、本書で紹介している身のまわりの地質学とは、例えばこんな内容です。

- ガードレールや自動車など、街にあふれる大量の鉄はどこから来たの？
- アスファルトの起源は2億年前のプランクトン
- 砂と落ち葉を混ぜても土にならないのはなぜ？

- 真珠が虹色に輝くのは、極薄サイズの結晶が積み重なっているから
- 意外と多い、岩を食べる植物たち
- 化粧品には粘土鉱物が欠かせない
- お城の石垣に使われている石はどんな石？
- 黒々とした肥沃な畑は火山の恵み
- 石焼き芋は、なぜ石を使って焼くの？
- 珪藻土《けいそうど》バスマットの「珪藻土」ってどんなもの？
- 「黄金の国ジパング」は今も健在だった

ざっと項目を眺めただけでも、何だか身近に感じませんか？

本書はタイトルの通り、身のまわりのあんなことこんなことを地質学的に考える一冊です。「地質学」というお堅いキーワードに、思わず本を閉じそうになった人も、ここまでの話で「意外と面白いかも」と思ってくれた人も、肩肘はらずに、ぜひリラックスして読んでみてください。

この本は、理科とか科学とかいう言葉を聞いただけで「ああ、もうダメ。苦手」となってしまう人にこそ読んでもらいたい、そんな想いで書き上げました。一通り読み終えた後には、いつの間にか地質学の目で世の中を見ている、新しい自分に気づくことでしょう。

それでは一緒に、面白くて奥深い地質学の扉を開いてみましょう。

サイエンスコミュニケーター　渡邉克晃

もくじ

CHAPTER

0

石ってそもそも何？
岩石と鉱物の
基礎知識

石には岩石と鉱物の2種類がある

地質学は石を研究する学問なので、この本にも石の話がたくさん出てきます。あなたは「石」と聞いて、どんなものをイメージしますか。川原に落ちている小石でしょうか。あるいは、石像とか、石造りの建物でしょうか。

石というのは、堅い言い方をすると、「岩石と鉱物の総称」です。つまり、石には岩石と鉱物の2種類があるのです。

それぞれを簡単に説明すると、まず岩石は、鉱物の粒子が集まってできたものをいいます。表面につぶつぶが見える石ですね。

これに対し、表面につぶつぶが見えず、つるっとした平面で囲まれた石もあります。水晶などがそうですね。こういう石は、岩石ではなく鉱物といいます。鉱物のもう少し詳しい定義は、次のようになります。

「鉱物とは、自然界にある固体の物質で、地質作用によってつくられたもの」

ポイントは、「自然界にある」「固体」「地質作用によってつくられた」の3つです。

プラスチックでできた偽物の宝石はもちろん、人工ダイヤモンドも、「自然界にある」ものではないので、鉱物ではありません。

また、石油や水は液体なので、いくら自然界にあるものでも、鉱物ではありません。ただし、これにはひとつだけ例外があって、水銀は常温で液体ですが、鉱物とされています。

人間や動物の歯、あるいは骨はどうでしょうか。自然界にある固体の物質であり、物質名として

「水酸燐灰石《すいさんりんかいせき》（ハイドロキシアパタイト）」という石っぽい名前までありますが、歯や骨は「地質作用によってつくられた」ものではないので、鉱物には入りません。鉱物ではなく、ただの「天然無機化合物」です。

では、化石になった動物の歯や骨はどうかというと、こちらは地質作用を受けているので、鉱物に分類されます。とはいうものの、「地質作用」という言葉は漠然としているため、なかなか判断が難しいと思います。地質作用とは、マグマの活動、岩盤の移動や変形、風化作用、堆積作用（小石や砂が集積すること）などの総称で、端的にいえば、自然界で岩石がつくられたり変化したりする過程のことです。

鉱物かどうかの判断、けっこうややこしいですね。とりあえずここでは、「鉱物とは、自然界にある固体の物質で、地質作用によってつくられたもの」という定義だけ頭の片隅に置いておいてください。細かいことは、本書に出てくる具体的な例で、徐々に慣れていってもらえたらと思います。

なお、ここで紹介した鉱物の定義は、国際鉱物学連合（ＩＭＡ）が採用している、世界共通のものです。

地球の岩盤は3重構造

さて、具体的な岩石や鉱物の紹介に入る前に、岩石についてもう少し詳しく説明しましょう。数ある岩石のなかで何が重要か、そして、大まかにどう分類されるのか、の2

石	岩石	鉱物の粒子が集まってできたもの
	鉱物	自然界にある固体の物質で、地質作用によってつくられたもの

図0.1 「石」と「岩石」と「鉱物」の言葉の使い分け

点についてです。何しろ石の名前は本当に多く、大枠をつかんでいないと、こんがらがってしまいやすいからです。

岩石とは、地球の岩盤を構成する物質です。地球のことを「岩石惑星」と呼ぶように、地球の大部分は岩石でできているわけですね。足元の地面を掘っていくと、地球の半径約6400㎞に対して、約2900㎞の深さまで、ひたすら岩盤が続いています。さらにその下は、液体あるいは固体の、鉄とニッケルの合金です。

さて、この地球の岩盤、大ざっぱにいうと3重の構造になっています。一番上が白っぽい層で、厚さ30㎞ほど。その下が黒っぽい層で、厚さ5㎞ほど。そして残りの部分である厚さ2865㎞ほどが、緑色ないし茶色の層。

上から順番に、白、黒、緑（茶）になっていて、それぞれを構成する岩石は、花崗岩《かこうがん》、玄武岩、橄欖岩《かんらんがん》になります。つまり、数ある地球の岩石のなかで特に重要なものは、「花崗岩」「玄武岩」「橄欖岩」の3つなのです。まずはこの3つの名前だけ頭に入れておきましょう。たった3つと思うと、ちょっと気が楽ですね。

花崗岩と玄武岩でできた部分を地殻、橄欖岩でできた部分をマントルと呼んでいて、マントルはじつに地球の全体積の83％を占める巨大なものです。

地球上のある場所では、3重構造のうちの一番上、すなわち花崗岩でできた白っぽい層がありません。その「ある場所」とは、海底のこと。

簡単にいうと、橄欖岩の岩盤（マントル）の上に玄武岩の薄い岩盤だけが載っている場所が海底で、その上にさらに花崗岩の少し厚い岩盤が載っている場所が大陸なのです。

	岩石の種類	層の厚さ	色
地殻	花崗岩	約 30km	白
	玄武岩	約 5km	黒
マントル	橄欖岩	約 2865km	緑（茶）

図0.2　地殻とマントル

そういうわけで、大陸には花崗岩が多く見られ、海底には玄武岩が多く見られるということになります。

大まかな分類は、火成岩、堆積岩、変成岩

次に、岩石の大まかな分類についてです。岩石のでき方に基づいて、火成岩、堆積岩、変成岩の3種類に分類されています。

火成岩は、マグマが冷え固まってできた岩石。地中の深い場所でゆっくりと冷えても、あるいは地表に流れ出して急激に冷えても、マグマ由来であれば、いずれも火成岩に分類されます。先ほど紹介した花崗岩、玄武岩、橄欖岩は、3つとも火成岩です。

堆積岩は、砂つぶや小石、あるいは火山灰などの細かい粒子が集積して、長い年月のうちに固まったものです。海底や湖底でできることが多く、水成岩とも呼ばれています。

変成岩は、火成岩や堆積岩が熱と圧力で変化したもの。地表の岩石は、地殻変動の結果として、高い温度や圧力にさらされることがあります。地下深くに沈み込めば、温度と圧力の両方が高くなりますし、マグマが地表に向かって上昇してきたら、その付近の岩石は非常に高い温度になるからです。こうした環境で熱と圧力にさらされた岩石は、固体の状態を保ったまま別の岩石に変化します。このようなものを変成岩と呼んでいます。

火成岩	マグマが冷え固まってできた岩石
堆積岩	砂つぶや小石、あるいは火山灰などの細かい粒子が集積して、長い年月のうちに固まってできた岩石
変成岩	火成岩や堆積岩が熱と圧力で変化してできた岩石

図0.3　岩石のでき方による分類

本書に登場するおもな岩石名・鉱物名

それでは、この章の最後に、本書に登場する岩石名と鉱物名を具体的に挙げて、簡単に説明します。

……とはいっても、やはり文脈もなく、名前の説明を読むのは退屈ですよね。14〜17ページの表は五十音順に並べたものなので、まずはさらっと眺めるだけにして、本文を読みながら、その都度見返してもらえればと思います。

なお、岩石名でも鉱物名でもないものの、「○○石」などのように岩石っぽい名前がついているものが他にもあります。それらは石材名であったり、鉱石名であったりしますが、名前を見ただけでは違いがわかりません。後掲の表には、岩石名、鉱物名、鉱物のグループ名、石材名、鉱石名の5つが含まれているので、表を見返すとき、その違いにも着目してもらえたら理解が深まると思います。

- 岩石名：地質学の分野で使われている、岩石の名前。火成岩、堆積岩、変成岩のいずれかに分類される。本書では、産総研（産業技術総合研究所）地質調査総合センターの岩石分類に基本的に従った。
- 鉱物名：地質学の分野で使われている、鉱物の名前。鉱物の定義である「自然界にある固体の物質で、地質作用によってつくられたもの」のうち、国際鉱物学連合（ＩＭＡ）によって名前が承認されているもの。日本語の名称については、基本的に『日本産鉱物種　第7版（２０１８）』に従った。

● 鉱物のグループ名：化学組成や結晶構造の異なる複数の鉱物をひとまとめにしたグループ名。地質学の分野で使われているが、鉱物名とは区別される。

● 石材名：石材業界で使われている岩石の名前。地質学で使われている岩石名とは異なる。大まかに分類した石材名と、商品ごとにつけられた細かい石材名が混在している。

● 鉱石名：鉱物資源となる岩石につけられた名前。鉱山や製錬所など、産業の現場で使われることが多い。鉱石の中には資源となる主要な鉱物がひとつあるいは複数含まれているため、地質学の分野では一般にそれらの鉱物名で呼ばれる。

参考文献

◎ Ernest H. Nickel, Joel D. Grice『The IMA Commission on New Minerals and Mineral Names: Procedures and Guidelines on Mineral Nomenclature, 1998』The Canadian Mineralogist, Vol. 36 (1998)
http://cnmnc.main.jp/cnmmn98.pdf

◎ 産総研地質調査総合センターウェブサイト『岩石の分類』
https://www.gsj.jp/geology/fault-fold/formation/r-classification/index.html

◎ 国際鉱物学連合（ＩＭＡ）『IMA Database of Mineral Properties』
https://rruff.info/ima/

◎ 松原聰『日本産鉱物種　第７版（２０１８）』（鉱物情報、２０１８）

石の名前	分　類	説　　明
黒雲母《くろうんも》	鉱物のグループ名	金雲母と鉄雲母の中間的な化学組成をもつ一連の鉱物。薄い層が何枚も重なったような結晶構造をもち、ペラペラと剥がれやすい。色は黒か、黒に近い茶色。鉱物名としては、マグネシウムが多ければ金雲母、鉄が多ければ鉄雲母であるが、マグネシウムと鉄の比率は連続的に変化するため、まとめて黒雲母と呼んでいる。
鶏冠石《けいかんせき》	鉱物名	ヒ素と硫黄からなる鉱物。色は鮮やかな赤色。学名は Realgar。
頁岩《けつがん》	岩石名	堆積岩の一種。泥岩のうち、本のページ（頁）のようにペラペラと薄く剥がれる形状を示すもの。粒子の大きさは泥岩と同じ。
結晶質石灰岩《けっしょうしつせっかいがん》	岩石名	変成岩の一種。石灰岩がマグマの熱で変化したもので、成分は炭酸カルシウム（石灰岩と同じ）。石灰岩との違いは、結晶の粒子が粗いこと。マグマ由来の熱い地下水が石灰岩に浸透することで、炭酸カルシウムの溶解と再結晶が起こり、粒の大きな結晶ができた。鉱物としては、おもに方解石。色は透明感のある白。
玄武岩《げんぶがん》	岩石名	火成岩の一種（火山岩）。地表に流れ出たマグマが短時間のうちに冷え固まったもの。細かい粒子からなる。二酸化ケイ素の量が比較的少ない。色は黒か、黒っぽい灰色。
コフィン石《せき》	鉱物名	ウラン、ケイ素、酸素からなる鉱物。ウラン鉱石として採掘される鉱物のひとつ。黒色の細かい結晶で、岩石の割れ目や隙間を埋めるようにできる。学名は Coffinite。
砂岩《さがん》	岩石名	堆積岩の一種。砂が固まって岩石になったもの。粒子の大きさは、0.063mm 以上、2mm 以下。
磁鉄鉱《じてっこう》	鉱物名	鉄の酸化物。鉄鉱石を構成するおもな鉱物のひとつ。黒色。学名は Magnetite。
蛇紋岩《じゃもんがん》	岩石名	火成岩の一種。橄欖岩が水との化学反応で変化したもの。鉱物としては、おもに蛇紋石で構成されている。色は深い緑色。温度の高い地下水が作用しているため、熱で変化したという意味で変成岩に分類されることもある。
蛇紋石《じゃもんせき》	鉱物のグループ名	おもにアンチゴライト、リザード石、クリソタイル石の3つの鉱物の総称。蛇紋岩を構成する主要な鉱物。成分はマグネシウム、ケイ素、酸素、水素。色は深い緑色。
ジルコン	鉱物名	ジルコニウム、ケイ素、酸素からなる鉱物。色は赤茶色、薄茶色、黒などで、しばしば透明感がある。学名は Zircon。
白雲母《しろうんも》	鉱物名	アルミニウム、ケイ素、カリウム、酸素、水素からなる鉱物。薄い層が何枚も重なったような結晶構造をもち、ペラペラと剥がれやすい。色は明るい灰色か、うす茶色。透明感がある。微細な集合体は、通称「セリサイト」あるいは「絹雲母」と呼ばれ、粘土鉱物の一種として扱われることが多い。学名は Muscovite。
辰砂《しんしゃ》	鉱物名	硫化水銀（水銀と硫黄の化合物）でできた鉱物。結晶の色は深みのある鮮やかな赤色だが、粉末は朱色に近い赤。岩絵具「朱」の原料。学名は Cinnabar。
針鉄鉱《しんてっこう》	鉱物名	鉄の酸化物。色は黒か、やや茶色がかった黒。粉末は黄褐色で、岩絵具「黄土《きづち》」の原料。学名は Goethite。
スメクタイト	鉱物のグループ名	粘土鉱物のなかのひとつのグループで、水を吸収して膨らむ性質（膨潤性）をもつ。鉱物名としては、モンモリロン石、バイデル石、ノントロン石、サポー石など。
石英《せきえい》	鉱物名	二酸化ケイ素でできた鉱物。色は無色透明か透明感のある白色で、ガラスと質感がよく似ている。透明度が高く、結晶の形が美しいものは水晶と呼ばれる。学名は Quartz。

□鉱物名　□岩石名　□石材名　□鉱石名　□鉱物のグループ名

石の名前	分類	説明
霰石《あられいし》	鉱物名	炭酸カルシウムでできた鉱物。色は無色透明か白色。石灰岩を構成するおもな鉱物のひとつ。方解石と同じ成分で、結晶構造が異なる。学名はAragonite。
アロフェン	鉱物名	粘土鉱物のひとつ。アルミニウム、ケイ素、酸素からなる。ボールのような中空球状の構造。学名はAllophane。
安山岩《あんざんがん》	岩石名	火成岩の一種（火山岩）。地表に流れ出たマグマが短時間のうちに冷え固まったもの。細かい粒子からなる。二酸化ケイ素の量が、流紋岩よりは少なく、玄武岩よりは多い。色は灰色か、黒っぽい灰色。
大磯《おおいそ》	石材名	神奈川県の大磯海岸で採取される粒の大きい砂利のこと。全体に暗い青緑色で、岩石の種類としては凝灰岩。
カオリン石《せき》	鉱物名	代表的な粘土鉱物のひとつ。結晶は微細だが、しばしば集合体（塊）で産出する。アルミニウム、ケイ素、酸素、水素からなる。白色。学名はKaolinite。
角閃石《かくせんせき》	鉱物のグループ名	柱状の黒っぽい鉱物。非常に種類が多く、さらにいくつかのグループに細分される。閃緑岩や安山岩の中に見られる角閃石は、普通角閃石と呼ばれるグループ。普通角閃石に分類される鉱物には、苦土普通角閃石、鉄普通角閃石などがある。
花崗岩《かこうがん》	岩石名	火成岩の一種（深成岩）。地下深くのマグマがゆっくりと冷え固まったもの。粗い粒子からなる。二酸化ケイ素の量が比較的多い。色は全体的に白っぽく、黒い点々がある。鉱物としては、おもに石英（透明）、長石（白）、黒雲母（黒）で構成されている。
滑石《かっせき》	鉱物名	代表的な粘土鉱物のひとつ。結晶は微細だが、集合体（塊）で産出することが多い。マグネシウム、ケイ素、酸素、水素からなる。色は白か、薄い緑色。学名はTalc。
カルノー石《せき》	鉱物名	ウラン、バナジウム、カリウム、酸素からなる鉱物。ウラン鉱石として採掘される鉱物のひとつ。黄色の細かい結晶で、砂岩の中にできることが多い。学名はCarnotite。
橄欖岩《かんらんがん》	岩石名	火成岩の一種（深成岩）。地球の岩盤の大部分（深さ約35～2900kmまで）を占める岩石で、この部分をマントルという。地球誕生時のマグマが冷え固まったもの。粗い粒子からなる。二酸化ケイ素の量が少ない。地上で見られる橄欖岩は、全体に透明感のある明るい緑色。鉱物としては、おもに橄欖石（透明な緑～黄緑色）で構成されている。
橄欖石《かんらんせき》	鉱物のグループ名	英語名はオリビン。代表的なものに苦土橄欖石と鉄橄欖石がある。苦土橄欖石はマグネシウム、ケイ素、酸素からなり、鉄橄欖石は鉄、ケイ素、酸素からなるが、マグネシウムと鉄が置き換わることで両者は連続的に変化する。色は透明な緑～黄緑色、あるいは黄褐色。透明度が高く緑色の濃いものは、宝石のペリドットになる。橄欖岩を構成する主要な鉱物。
輝石《きせき》	鉱物のグループ名	斜方輝石と単斜輝石の2つの鉱物グループの総称。鉱物名としては、頑火輝石（斜方輝石のひとつ）、普通輝石、透輝石（以上、単斜輝石）などがある。色は黒～黄褐色、暗緑色など。
凝灰岩《ぎょうかいがん》	岩石名	堆積岩の一種。火山から噴出した火山灰が地上や水中に堆積し、長い年月の間に固まったもの。全体的に砂つぶサイズの細かい粒子でできているが、大きな噴石を含むことも多い。凝灰岩を構成する火山灰がマグマ由来の物質であることから、火成岩に分類されることもある。
孔雀石《くじゃくいし》	鉱物名	銅、炭素、酸素、水素からなる鉱物。色は深みのある鮮やかな緑。岩絵具「岩緑青」の原料。学名はMalachite。

図0.4　本書に登場するおもな岩石名、鉱物名

石の名前	分類	説明
那智黒《なちぐろ》	石材名	和歌山県の那智地方や三重県の熊野地方で採れる黒色の石材で、岩石の種類は粘板岩。
ナトロン	鉱物名	炭酸ナトリウムでできた鉱物。不純物が少なければ、透明感のある白色。トロナとともに、ガラスのおもな原料のひとつ（ソーダ灰）として使われる。学名は Natron。
粘土鉱物《ねんどこうぶつ》	鉱物のグループ名	薄い層が何枚も重なったような結晶構造をもち、かつ粒子の大きさがおおむね 2 マイクロメートル（0.002mm）以下の微細な鉱物の総称。鉱物名としては、カオリン石、白雲母、滑石、葉蝋石など。
粘板岩《ねんばんがん》	岩石名	堆積岩の一種。泥岩や頁岩が地下の圧力によって押し潰されることで、一定の方向に割れやすくなったもの。英語名はスレート。
白鉛鉱《はくえんこう》	鉱物名	鉛、炭素、酸素からなる鉱物。鉛の毒性が知られるまでは白色の顔料として利用された。学名は Cerussite。
斑《はん》れい岩《がん》	岩石名	火成岩の一種（深成岩）。地下深くのマグマがゆっくりと冷え固まったもの。粗い粒子からなる。二酸化ケイ素の量が比較的少ない。色は黒か、黒っぽい灰色。鉱物としては、おもに長石（斜長石）、輝石、橄欖石で構成されている。
片麻岩《へんまがん》	岩石名	変成岩の一種。縞模様が特徴的。さまざまな岩石が地下深くの高い圧力と熱により変化したもので、濃い色の部分と薄い色の部分が交互に並んで層状になっている。
方解石《ほうかいせき》	鉱物名	炭酸カルシウムでできた鉱物。色は無色透明か白色。石灰岩を構成するおもな鉱物のひとつ。霰石と同じ成分で、結晶構造が異なる。学名は Calcite。
ボーキサイト	鉱石名	アルミニウム鉱石のひとつ。成分として酸化アルミニウムを多く含む。鉱物としては、おもに水酸化アルミニウムの鉱物であるギブサイトで構成されている。やわらかく、酸化鉄を含むために赤茶けて見えることが多い。
マイカ	鉱物のグループ名	雲母のこと。白雲母、金雲母、鉄雲母などの総称。薄い層が何枚も重なったような結晶構造をもち、ペラペラと剥がれやすい。一部は非常に微細な結晶の集合体として産出し、粘土鉱物として扱われる。
御影石《みかげいし》	石材名	建築用に使われる粒子の粗い石材。岩石名でいうと、おもに花崗岩のこと。花崗岩以外に、閃緑岩、斑れい岩なども含まれる。
葉蝋石《ようろうせき》	鉱物名	代表的な粘土鉱物のひとつ。結晶は微細だが、集合体（塊）で産出することが多い。アルミニウム、ケイ素、酸素、水素からなる。色は白か、薄い茶色。学名は Pyrophyllite。
ラズライト	鉱物名	宝石ラピスラズリを構成する主要な鉱物。色は紫みを帯びた深い青色（群青色）で、岩絵具「ウルトラマリン」の原料。学名は Lazurite。
藍銅鉱《らんどうこう》	鉱物名	銅、炭素、酸素、水素からなる鉱物。色は深みのある鮮やかな青。岩絵具「岩群青」の原料。学名は Azurite。
流紋岩《りゅうもんがん》	岩石名	火成岩の一種（火山岩）。地表に流れ出たマグマが短時間のうちに冷え固まったもの。細かい粒子からなる。二酸化ケイ素の量が比較的多い。色は全体的に白っぽい。
燐灰《りんかい》ウラン石《せき》	鉱物名	ウラン、リン、カルシウム、酸素からなる鉱物。ウラン鉱石として採掘される鉱物のひとつ。黄色〜黄緑色の板状の結晶で、紫外線ライトを当てると黄緑色の蛍光を発する。学名は Autunite。
礫岩《れきがん》	岩石名	堆積岩の一種。小石や砂利が固まって岩石になったもの。粒子の大きさは 2mm 以上。

鉱物名　岩石名　石材名　鉱石名　鉱物のグループ名

石の名前	分　類	説　明
石黄《せきおう》	鉱物名	ヒ素と硫黄からなる鉱物。結晶の色は透明感のある赤茶色～黄褐色だが、粉末は黄色。学名はOrpiment。
石炭《せきたん》	岩石名	堆積岩の一種。大昔の植物が湿地や沼地に集積して埋まり、地下深くの熱と圧力で石のように硬くなったもの。もともとは植物なので、おもに炭素、酸素、水素からできている。
赤鉄鉱《せきてっこう》	鉱物名	鉄の酸化物。鉄鉱石を構成するおもな鉱物のひとつ。金属光沢のある灰色。粉末は鉄錆色の赤で、岩絵具「ベンガラ（弁柄）」の原料。学名はHematite。
石灰岩《せっかいがん》	岩石名	堆積岩の一種。炭酸カルシウムでできた微生物の殻、サンゴの骨格、貝殻などが海底に集積して、硬い岩石になったもの。陸上において、カルシウム分の多い温泉水や地下水から化学的に沈澱したものも含まれる。主要な鉱物は方解石と霰石で、どちらも炭酸カルシウムの鉱物。色は白、灰色、茶色がかった灰色など。
石灰石《せっかいせき》	鉱石名	セメントの原料となる炭酸カルシウムの鉱石。岩石名としては石灰岩。主要な鉱物は方解石と霰石で、どちらも炭酸カルシウムの鉱物。色は白、灰色、茶色がかった灰色など。
閃《せん》ウラン鉱《こう》	鉱物名	ウランと酸素からなる鉱物。ウラン鉱石として採掘される鉱物のひとつ。黒色の結晶で、やや金属光沢がある。閃ウラン鉱のうち、結晶の形をもたず、瀝青（ピッチ）のような油脂光沢があるものは、通称「瀝青《れきせい》ウラン鉱」と呼ばれている。学名はUraninite。
閃緑岩《せんりょくがん》	岩石名	火成岩の一種（深成岩）。地下深くのマグマがゆっくりと冷え固まったもの。粗い粒子からなる。二酸化ケイ素の量が、花崗岩よりは少なく、斑れい岩よりは多い。色は灰色か、黒っぽい灰色。鉱物としては、おもに長石（斜長石）と角閃石で構成されている。
大理石《だいりせき》	石材名	内装の装飾用、あるいは彫刻用に使われる石材。岩石名でいうと、結晶質石灰岩、石灰岩、トラバーチン、蛇紋岩など。
チャート	岩石名	堆積岩の一種。二酸化ケイ素でできた微生物の殻が海底に集積して、硬い岩石になったもの。本来の色は透明感のある白色だが、一緒に取り込まれる不純物によってさまざまな色のチャートができる。赤色、オレンジ色、緑色、灰色、黒色など。
長石《ちょうせき》	鉱物のグループ名	カリ長石と斜長石の2つの鉱物グループの総称。鉱物名としては、正長石、微斜長石、玻璃長石（以上、カリ長石）、曹長石、灰長石（以上、斜長石）などがある。基本的に白っぽく、不透明の鉱物。
泥岩《でいがん》	岩石名	堆積岩の一種。泥が固まって岩石になったもの。粒子の大きさは、0.063mm以下。泥は、比較的粒子の粗いシルトと、より細かい粘土（0.004mm以下）に区分される。
鉄鉱石《てっこうせき》	鉱石名	その名の通り、単に鉄の鉱石を指す言葉。鉱物としては、おもに赤鉄鉱や磁鉄鉱で構成されている。
戸室石《とむろいし》	石材名	石川県金沢市の戸室山周辺で採取される石材で、岩石の種類は安山岩。青緑色の「青戸室」と、明るい赤褐色の「赤戸室」がある。
トラバーチン	岩石名	堆積岩の一種。カルシウム分の多い温泉水から化学的に沈澱した、炭酸カルシウムの岩石。広い意味で石灰岩に含まれる。隙間が多く、断面に地層のような縞模様が見られるのが特徴。色は淡いベージュか、赤茶色。
トロナ	鉱物名	炭酸ナトリウムと炭酸水素ナトリウムでできた鉱物。不純物が少なければ、透明感のある白色。ナトロンとともに、ガラスのおもな原料のひとつ（ソーダ灰）として使われる。学名はTrona。

CHAPTER

I

えっ、これも石から？石から取り出された便利な材料

鉄もアルミも、みんな石から取り出したもの

ガードレールを見て思うこと

道路脇の白いガードレールを見て、あなたならどんなことを考えますか。どこの街にでもある、ありふれたもの。特に何も感じないかもしれませんね。

ガードレールは、いうまでもなく鉄のかたまりです。街のなかには、高純度の鉄のかたまりが至るところに立てられ、並べられているわけです。これって、自然界ではちょっと考えられないことです。

山を歩いていたら、高純度の鉄でできている岩があったとか、あるいは、岩の中から銀色に輝く大量の鉄が出てきたとか、あり得ないわけです。何の変哲もないガードレールひとつとっても、超自然的というか、不自然極まりない存在。元素という観点から見れば、鉄元素が異常に濃集している場所が、街なかにゴロゴロしているという状況です。

もちろん、鉄でできているのはガードレールだけではありません。車も、橋も、線路も、ビルの骨組みも、道路脇の自動販売機やフェンスも、すべて鉄でできています。

自然界では決して見られない、身のまわりにあふれる高純度の鉄。このような異常ともいえる大量の鉄を、私たち人間はいったいどうやって手に入れているのでしょうか。

鉄を生み出すのは岩石

鉄は、岩石から取り出される地下資源のひとつです。よく知られているように、鉄鉱石と呼ばれる、鉄を含む岩石から鉄を取り出すわけですね（図1・1）。

さて、ここでちょっとSF的なお話にお付き合いください。

遠い将来、地球の環境がいよいよ絶望的になり、あなたは宇宙船に乗って地球を脱出しました。宇宙を旅するさまざまな困難のなかで、他の船とはぐれ、同乗した人も寿命が尽きて死んでしまったりして、結局あなた一人が取り残されることに。

何年も宇宙をさまよい、そしてついに、あなたは地球とよく似た惑星に着陸します。陸地があり、水があり、岩石と土があり、植物が生い茂る惑星。そこには人間と同じような宇宙人が住んでいましたが、石器時代のようなとても原始的な暮らしで、鉄でできたものは何ひとつありませんでした。

宇宙船を不思議そうに見る彼らに、あなたは地球のことを（身振り手振りで）話します。あなたが旅立ってきた地球では、街の至るところにガードレールや車など、鉄でできたものがあふれていたと。

鉄に憧れる彼ら。あなたは、こう思うでしょう。

「よし、文明人である私が、鉄のつくり方を教えてあげよう……。」

図1.1　鉄鉱石（写真：Shutterstock）

というわけで、あなたならどうやって鉄をつくり出すでしょうか。鉄鉱石を採ってきて、手づくりの石窯でガンガン加熱して溶かし、溶けた鉄鉱石が固まったときには銀色の鉄ができている、なんてことは、さすがにありません。

鉄をつくり出すには、まずは鉄鉱石がどんなものなのかを知らなければならないのです。

鉄鉱石は鉄と酸素のかたまり

鉄鉱石と呼ばれている岩石は、おもに赤鉄鉱や磁鉄鉱といった、鉄の酸化物でできています。酸化物というだけあって、その実態は、酸素と結びついた鉄。

日本で使われている鉄鉱石の場合、鉄の含有量は重量比で60％前後で、その次に多く含まれているのが酸素です。酸素の含有量は、不純物の量にもよりますが30％前後。その他に、リン、硫黄、ケイ素、アルミニウムなどが含まれます。

つまり、鉄鉱石はおおむね鉄と酸素のかたまりなのです。この事実を踏まえれば、鉄鉱石から鉄をつくり出すには、酸素を取り除かなくてはならないことがわかります。

製鉄所では、鉄鉱石と一緒にコークスを高炉に入れ、コークスから発生する一酸化炭素や水素などのガス、そしてコークス中の炭素と反応さ

図1.2　コークス（写真：123RF）

せることによって、鉄鉱石から酸素を除去しています。コークスというのは、石炭を空気のない状態で焼いたもの（図1・2）。ゼロから鉄をつくるなら、とりあえず石炭も採ってこなければなりませんね。

鉄鉱石から酸素を除去した後、さらに炭素や不純物を取り除く過程などを経て、ようやくガードレールの原料になる鋼《はがね》（少量の炭素を含む鉄の合金）が生まれます。こんなふうにして、岩石から鉄が取り出されているのですね。

アルミも岩石から取り出したもの

鉄と同じくらい身近な金属に、アルミニウム（アルミ）があります。ジュースのアルミ缶やアルミホイル、フライパンといった日用品から、飛行機やロケットなどの大型建造物まで、その用途はじつにさまざま。ノートパソコンの筐体《きょうたい》にも使われることがあります。

アルミニウムも鉄と同様、やはり岩石から取り出される地下資源のひとつです。原料となるのは、ボーキサイトと呼ばれる赤褐色のやわらかい岩石（図1・3）。アルミニウムの製造に使われる理想的なボーキサイトには、おもな成分として、酸化アルミニウムが重量比で約50％、酸化鉄が約20％含まれています。残りの30％ほどは、不純物として混じっている石英や長石、粘土鉱物などです。

ボーキサイトは、アルミニウムに富む岩石が熱帯地方の激しい風化作用を受けて、酸化アルミニ

図1.3　ボーキサイト（写真：123RF）

ウムと酸化鉄以外のほとんどの成分を失ってしまったものです。この鉱石からアルミニウムを取り出すには、まずは酸化鉄やその他の鉱物（不純物）を取り除き、酸化アルミニウムだけにする必要があります。その後、酸化アルミニウムから酸素を取り除けば、アルミ製品の原料となるアルミニウムの完成（図1・4）。

とはいうものの、酸化アルミニウムから酸素を取り除く工程では電気分解が必要で、多くの電力が消費されます。そのため、アルミニウムの場合は再利用が断然おトク。アルミ製品の廃品リサイクルによって新たなアルミ製品をつくると、ボーキサイトからアルミ製品をつくる場合に比べて、消費電力は3％ほどに抑えられるそうです（図1・5）。

再利用が容易なアルミニウムは、地球に優しい省エネ金属として、今後ますます活躍の場を広げていくことでしょう。

参考文献

◎一般財団法人金属系材料研究開発センター『平成29年度製造基盤技術実態等調査　低品位鉄鉱石の有効活用の可能性に関する調査報告書』
https://www.meti.go.jp/meti_lib/report/H29FY/000028.pdf

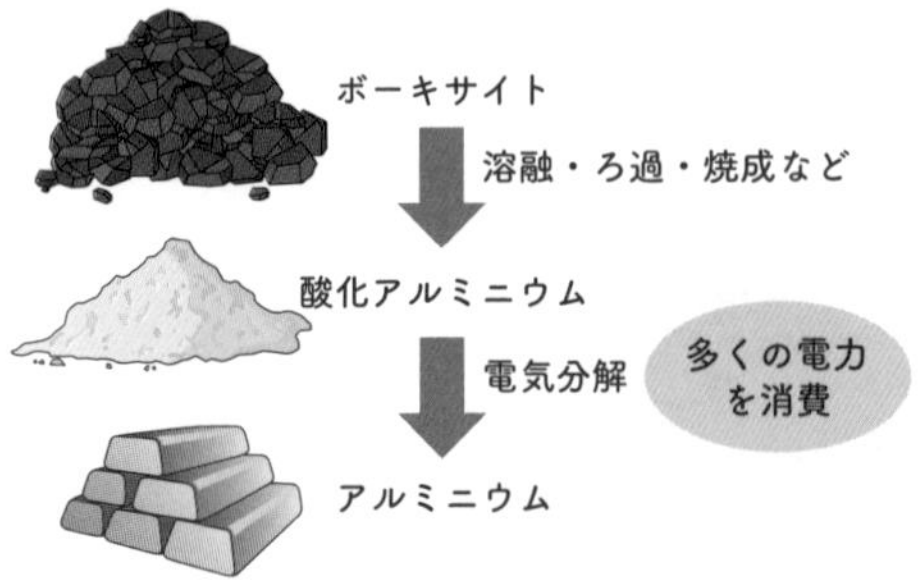

図1.4　ボーキサイトからアルミニウムを取り出す工程

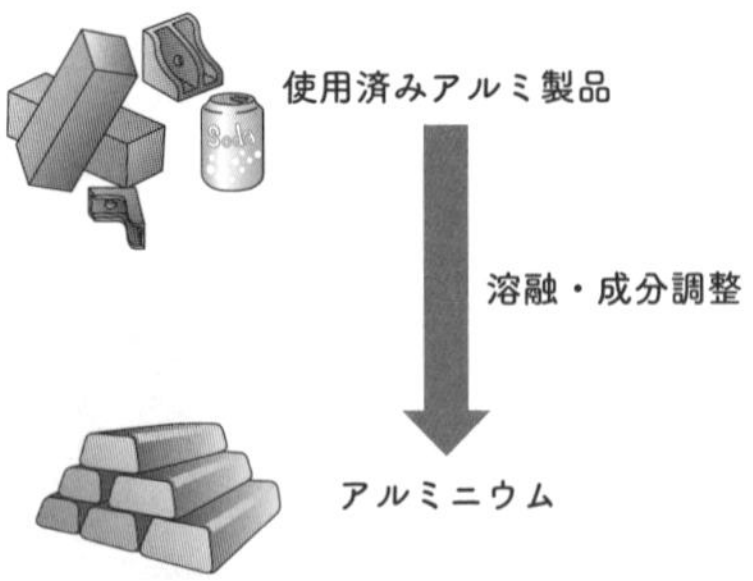

図1.5　使用済みアルミ製品をリサイクルする工程

こんなに使って大丈夫？ 鉄の枯渇が心配されない地質学的事情

鉄の大量生産を可能にした特殊な地層

自動車や家電製品、橋やビルなど、さまざまなところで大量に使われている鉄。石油やレアメタルの枯渇が話題にのぼるなか、不思議なことに鉄の枯渇を心配する声はほとんど聞かれません。十分な埋蔵量があり、石からも比較的取り出しやすいのは確かですが、これだけ大量に使っていたら、そのうち危うくなるのではないでしょうか。

鉄の枯渇がほとんど心配されない理由は、やはりその埋蔵量の多さにあります。鉄鉱石の種類には赤鉄鉱や磁鉄鉱などがありますが、世界各地に「縞状鉄鉱層《しまじょうてっこうそう》」と呼ばれる、分厚い赤鉄鉱の地層があって、そのおかげで鉄の大量生産が可能になっているのです（図1・6）。

縞状鉄鉱層とは、赤鉄鉱の地層と、「チャート」と呼ばれる二酸化ケイ素の地層とが交互に積み重なってできた、縞模様の地層のこと。典型的な見た目は、黒灰色と赤色の縞模様です。

図1.6　縞状鉄鉱層（写真：123RF）

「赤鉄鉱」という名前からして、赤い縞の部分が赤鉄鉱かと思いきや、じつは黒っぽい部分が赤鉄鉱。高い温度と圧力による変成作用を受けているため、再結晶が進んで黒灰色になっています。一方、本来は白いはずのチャートの部分は、少量の酸化鉄が混じることにより赤色になっています。

その他のバリエーションとしては、赤鉄鉱ではなく磁鉄鉱が多い縞状鉄鉱層もありますし、チャート部分が白っぽいものもあります。

縞状鉄鉱層はどうやってできたのか

世界中の地質学者が頭を悩ませているのが、「縞状鉄鉱層はどうやってできたのか」という問題です。まずは典型的な説明を紹介しましょう。

縞状鉄鉱層は、できた時代によって大きく2つに分けられます。35億年前〜29億年前にできた「アルゴマ型」と、25億年前〜18億年前にできた「スペリオル型」です。

スペリオル型のほうが圧倒的に大規模なので、ここではスペリオル型の縞状鉄鉱層について見ていきましょう。どれくらい大きいかというと、地層の厚さは数十mから数百m、水平方向の長さは、なんと数百㎞に及びます。

スペリオル型の形成過程について、典型的な説明はこうです。


植物プランクトンによって酸素が生み出される前、大昔の地球では、海は無酸素状態だった。鉄は酸素がないと水によく溶けるため、当時の海にはたくさんの鉄が溶け込んでいた。

地球上に生命が誕生し、やがて植物プランクトンによる光合成がスタート。大陸棚のような浅い海では、光合成によって海水中に酸素が増え、鉄が酸化されるようになった。酸化した鉄は水に溶けないので、沈澱《ちんでん》して、浅い海の底には酸化鉄の地層ができていった。

海面付近の鉄がすべて沈澱しても、深海底から浅い海へと、鉄を多く含む海水が上昇してくるので、鉄の沈殿は海洋中のすべての鉄がなくなるまで続いた。そのため、酸化鉄の地層は巨大な厚さと広がりをもつようになった。

大まかにいえば、このような形成過程です。ですが、この典型的な説明では、縞状鉄鉱層の特徴をうまく説明できないため、多くの疑問が残されています。

つまり、縞々の原因が謎。光合成の盛んな時期とそうでない時期が繰り返されているとの説もありますが、この縞々模様は複雑で、うまく説明できないのです。

そのほか、縞状鉄鉱層をつくるほどの大量の鉄がどうやって海洋中に供給されたかについても、定説がありません。雨によって陸地から流れ込んできたのか、火山活動によって海底から供給されたのか。鉄資源を支える特殊な地層には、まだまだ不明な部分が多いのです。

じつは鉄にも枯渇の心配がある

これほど巨大な縞状鉄鉱層があるなら、たしかに枯渇の心配はしなくてよさそうですね。現在の技術で採算のとれる埋蔵量だけでも、１０００億トン以上はあると見積もられています。

しかし、安心してばかりもいられません。世界の鉄の消費量は今や年間19億トンを超え（２０２１年時点）、この数字は19世紀半ばと比べて1万倍以上にもなります。物質・材料研究機構（ＮＩＭＳ）の試算では、このままの状況が続くと、２０５０年までに埋蔵量をほぼ消費し尽くしてしまうと予想されています。

実際、日本に輸入される鉄鉱石の品質は少しずつ悪くなっており、製鉄業においてはさらなる技術開発が課題となっている状況。それに加え、鉄スクラップの再資源化も、今後ますます重要になるでしょう。

現代文明は鉄に支えられているといっても過言ではありません。そしてその鉄は、18億年以上前にできた縞状鉄鉱層に支えられています。

膨大な時間のなかで地球が育んできた、鉄という資源。２０５０年で枯渇するなんてことになったら、あまりにも悲しすぎます。これからも大切に利用していきたいですね。

参考文献

◎島崎英彦『先カンブリア縞状鉄鉱層』（地学雑誌、１９９３）
https://www.jstage.jst.go.jp/article/jgeography1889/102/6/102_6_685/_pdf

◎World Steel Association『World Steel in Figures 2022』
https://worldsteel.org/steel-topics/statistics/world-steel-in-figures-2022/

◎物質・材料研究機構（ＮＩＭＳ）『レアメタル・レアアース特集　資源枯渇リスク』
https://www.nims.go.jp/research/elements/rare-metal/probrem/dryness.html

道路のアスファルトは石油から。石油は2億年前のプランクトンから

道路のアスファルトは石油製品の残り物

日本の道路はほとんどがアスファルトで舗装されています。アスファルトというのは石油に含まれる成分のひとつ。150℃くらいに加熱された状態では黒くて粘り気の強い液体ですが、冷えると固まります。道路工事の現場を思い出してみると、なんとなくイメージが湧きますね。

ただし、道路工事で舗装用に使われている黒っぽい材料は、アスファルトそのものではなく、アスファルトの中に骨材となる砕石や砂を混ぜ込んだものです。砕石はおよそ2㎝以下の小石で、岩石の種類はさまざま。砂岩や頁岩《けつがん》、流紋岩、安山岩などを適度に砕いて、大きさをそろえて使っています。砂は天然の川砂や海砂が使われるのが一般的で、こちらも特に決まった種類はありません。

というわけで、舗装用のアスファルトには砕石や砂が混ぜ込まれており、アスファルトそのものは、粒々の見えないのっぺりとした液体、ないしは固体です（図1・7）。ちなみにヨーロッパでは、これを「ビチューメン（bitumen）」と呼び、骨材と混ぜたもののことを「アスファルト」と呼んでいるため、少し注意が必要です。

さて、石油からはじつにいろいろな石油製品がつくられます。LPガス、ガソリン、灯油、軽油、

図1.7　ビチューメン（写真：shutterstock）

重油など。精製前の石油（原油）を加熱することで、沸点の異なるいくつかの石油製品に分けていくわけですが、沸点の比較的低いＬＰガス、ガソリン、灯油、軽油などが分離された後には、３５０℃ほどの高温でも気体にならない「重い」成分が残ります（図１・８）。

「重い」といっても油なので、水よりは軽いのですが、他の石油製品に比べると重い成分。黒っぽい色をしていて、粘り気があります。

この重い成分が、今度は真空容器の中でさらに沸点ごとに分けられ、重油やアスファルトなどの石油製品ができます。つまりアスファルトは、石油を精製する過程で最後に残る、いわば「残り物」なのです。

日本では原油を輸入して国内で石油製品をつくってい

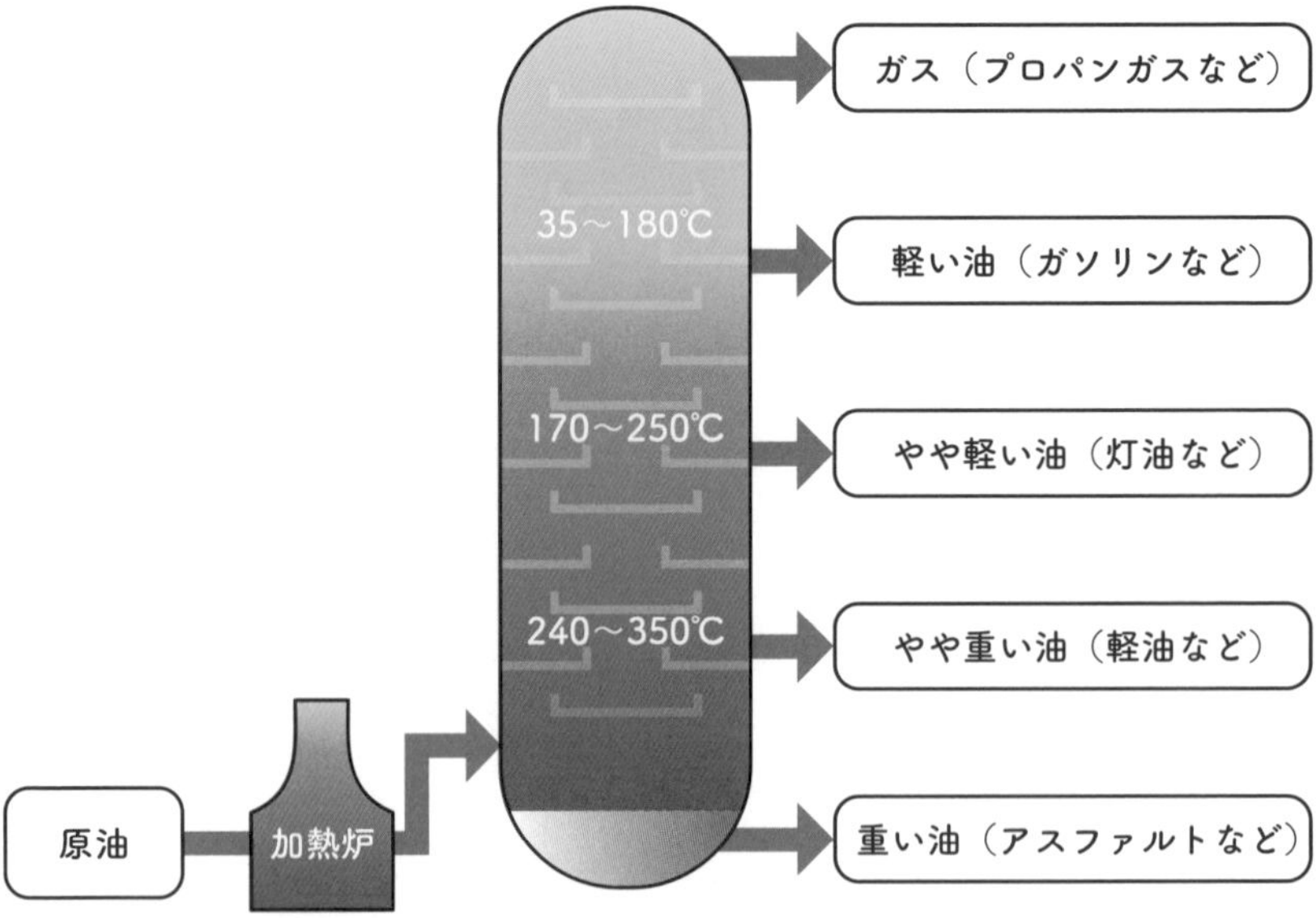

図1.8　石油精製の過程（昭和四日市石油株式会社ホームページより作成）

るため、その過程でアスファルトが大量にできてしまうわけですね。日本の道路にアスファルト舗装が圧倒的に多いのは、大量の石油製品を生産していることと深い関係があるのです。

石油は地下の空洞に溜まっているわけではない

アスファルトは石油に含まれる成分なので、「道路のアスファルトももともとは石から取り出されたもの」ということができます。でも、石油のことを「石から取り出された」といわれると、何だか違和感がありませんか。

直観的に、「石から鉄を取り出す」という表現はしっくりくるのに、「石から石油を取り出す」という表現はおそらく、多くの人がしっくりこないと思います。その理由は、石油が液体であるため、地下の空洞に地底湖のように溜まっている状態をしばしばイメージしてしまうからではないでしょうか。

しかし、これは誤解で、石油は砂岩などの堆積岩の中に、粒子の間の隙間を埋めるように、しみ込んで溜まっています。石油の採掘というのは、このしみ込んだ石油を地下から汲み出す作業なのです。

ここで少し、石油のでき方について見てみましょう。石油のことを「化石燃料」というように、石油は大昔の生物の遺骸が変化してできたものです。どれくらい大昔かというと、もちろん場所によって違うのですが、埋蔵量が桁違いに大きい中東油田の石油だと、元になる生物の遺骸が堆積した時期は約2億年前から1億年前。

当時、赤道付近に広がっていたテチス海という巨大な海の中で、植物プランクトンやそれらを食べる動物プランクトンの遺骸が、長大な時間をかけて海底に沈澱していきました。通常の海では、海底に住むバクテリアの作用で、プランクトンの遺骸は分解されてしまいます。しかし、テチス海ではそうはならず、海底にはプランクトンの遺骸を豊富に含む泥岩の地層が形成されていきました。テチス海が特別だったのは、約2億年前から1億年前にかけての地球が温暖だったこと、テチス海が赤道付近にあったこと、地中海のような内海だったので海水が攪拌《かくはん》されにくかったことなど、いくつかの理由があります。ともあれ、そんなわけで2億年前ごろの海底には大量のプランクトンの遺骸が腐らずに集積していくことになりました。

これらの有機物は、海底に泥が降り積もるにつれてどんどん地下深くに埋没していき、高い圧力のために化石になります。このときにできるプランクトンの化石というのは、動物の歯や骨のようなものではなく、有機物由来の「ケロジェン」と呼ばれる複雑な化合物。このケロジェンが地下深くの熱に長期間さらされることで、徐々に分解していって石油ができるのです。

そして、地下深くでつくられた石油は、水よりも軽いために岩石中の割れ目を伝って上昇していきます。そのまま海底や地表に到達すれば、少しずつ漏れ出していくことになり、油田はできません。油田として石油が溜まるには、上昇してきた石油が砂岩などの隙間の多い岩石中にしみ込み、さらにはその砂岩の中から逃げ出していかないように、お椀型の緻密な地層で蓋をされる必要があるのです（図1・9）。

こうした条件がうまく重なった場所に油田ができるわけで、かなり特別な場所であることがわかりますね。油田を掘るのは石油会社でも、どこを掘れば石油が出るかを考えるのは、地質学者の仕事なのです。

油田のでき方を知ることで、岩石にしみ込んだ石油の姿をかなりイメージしやすくなったのではないでしょうか。

プラスチックも石油から

ここまでアスファルトの話をしてきましたが、石油でできている身近な材料といえば、何といってもプラスチックですね。プラスチックについても少しだけ紹介します。

プラスチックは石油製品のうちのナフサからつくられる材料です。ナフサというのは、沸点でいうと、ガソリンと灯油の中間あたりの成分。粗製ガソリンとも呼ばれています。

このナフサに熱を加えると、分解されてエチレンやプロピレンなどの気体、それからベンゼンなどの液体が生成するのですが、このときに生成した気体や液体というのは、いわばバラバラに散らばった短い分子。そのままでは利用できません。

そこで、バラバラの分子を鎖状《くさりじょう》に長くつなげて、固体の物質、すなわちポリエチレンやポリプロピレンなどをつくります。このようにしてつくられたものが、いわゆるプラスチックと呼ばれる材料です。

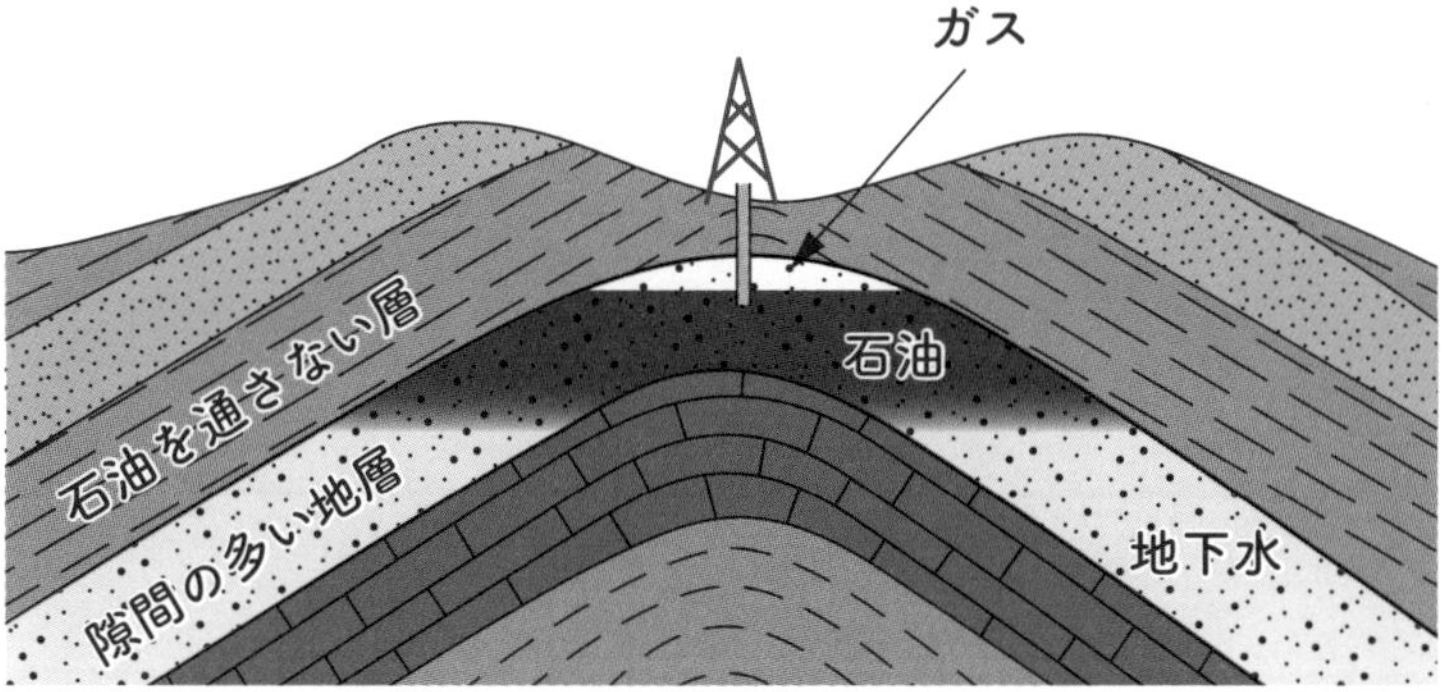

図1.9　油田の模式図（二宮書店ホームページ「油田が形成される過程について」より作成）

セメント原料の石灰石は、国内自給率１００％の鉱物資源

セメントのおもな原料は石灰石

セメントに砂と水を混ぜて固めたものが、コンクリートですね。「20世紀は鉄とコンクリートの文明」といわれるほど、コンクリートは私たちにとって最も身近な土木・建築材料です。そんな身近なコンクリートをつくるセメントは、おもに石灰石の粉でできています。セメント原料の約8割は石灰石。残りの約2割は粘土ですが、その他にもセメントの種類に応じていくつかの成分が添加されています。

さてこの石灰石、どんな石かというと、炭酸カルシウムの鉱物である方解石を50％以上含む堆積岩で、岩石名としては「石灰岩」。資源として石灰岩を用いる鉱業の分野では、鉱石名として「石灰石」という名前で呼ばれています。

石灰石の国内自給率は１００％

じつは石灰石は、国内で１００％自給できる唯一の鉱物資源なのです（図1・10）。鉱物資源が少

ない日本において、国内自給率100％というのは驚くべき数字。ほかの身近な資源を見てみると、鉄鉱石の自給率が0％、原油が0・3％ほどですから、石灰石がいかに特別な資源であるかわかりますね。

「鉄や石油製品に比べればセメントなんて……」と思うかもしれませんが、決してそんなことはありません。セメントがなければ、オフィスビルも、橋も、高速道路の高架も、トンネルも、空港の滑走路も、ありとあらゆるものがつくれないのです。

もしも石灰石の国内自給率が鉄鉱石や原油並みだったら、社会インフラ（社会基盤）の多くが外国の資源に依存してしまうことになります。先ほども少し例を挙げましたが、コンクリート建造物には、下水道、ダム、防波堤、病院、学校など、人々の暮らしに必須のインフラが多数含まれるので、石灰石の自給率はある意味、「社会インフラの自給率」ともいえるでしょう。

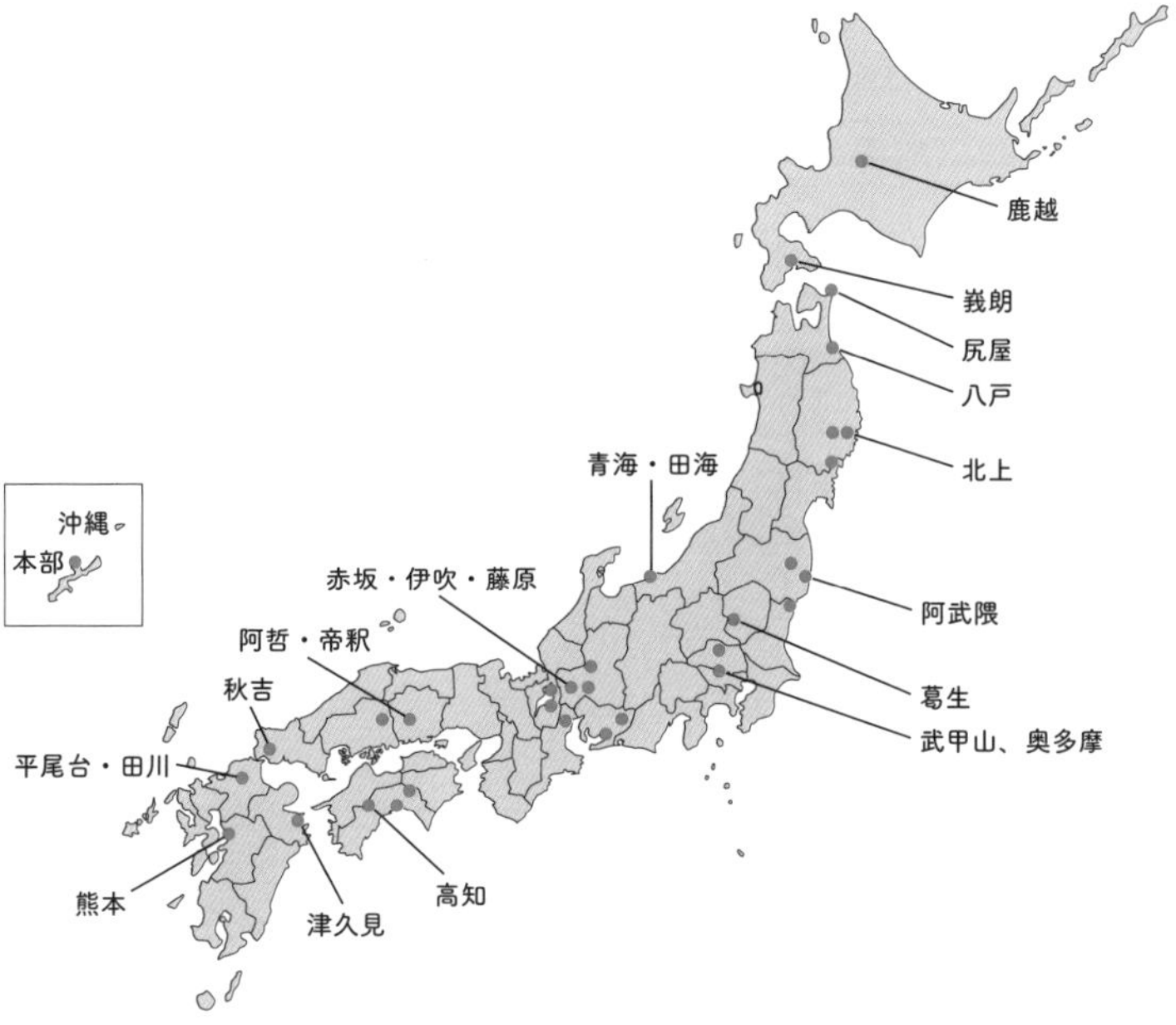

図1.10 日本国内のおもな石灰石鉱山の分布と地域名（石灰石鉱業協会ホームページより作成）

セメントの原料となる石灰石は、それほどに重要な資源なのです。日本に石灰石が多くて、本当によかったと思います。

日本に石灰石が多い理由

日本に石灰石が多いのは、太平洋の海底にできた大昔の石灰岩が、長い年月をかけて日本列島に運ばれてきたからです。

日本列島には、北海道から九州まで、全国各地に良質の石灰石鉱山が分布しています。これらの石灰石（岩石名としては「石灰岩」）は、約3億年前～2億年前にできたものとされていますが、今の日本列島がある場所で堆積したわけではなく、遠く太平洋の真ん中、赤道付近で堆積したものが運ばれてきたと考えられています（図1・11）。

どういうことかというと、約3億年前～2億年前の赤道付近の海底には、海底火山の噴火によって海山がいくつも形成されました。海山のいくつかはマグマの噴出に伴って高くなり、やがて海面から顔を出して島になったり、あるいは顔を出さないまでも海面近くまで到達したりしました。

そのような島の周囲、また海山の頂上付近は浅い海になっているので、赤道付近の温かい海水のおかげでサンゴ礁が発達します。サンゴ礁というのは、サンゴの骨格や、有孔虫と呼ばれる動物プランクトンの殻が集積したもの。いずれも主成分は炭酸カルシウムです。

そのため、サンゴ礁が発達した場所には、大量の炭酸カルシウムの岩石ができあがるわけです。これがすなわち、石灰岩です。

　さて、このようにして太平洋の海底でできた石灰岩は、海底の岩盤の移動に伴って北西の方向、すなわち日本列島のほうへと運ばれました。プレートテクトニクスという考え方で知られるように、太平洋の海底の岩盤は、日本列島のある辺り（ユーラシア大陸の東の端）に向かって継続的に動き続けているのです。そして、日本列島のところで地下深くへと沈み込んでいきます。

　約3億年前～2億年前に太平洋の海底でできたサンゴ礁由来の石灰岩は、数千万年という長い時間をかけて日本列島の辺りまで運ばれ、そこで海底の岩盤と一緒に地下深くへと引きずり込まれていきます。しかし、これらの石灰岩は海底から出っ張った海山の上にできているので、引きずり込まれるときにその多くは、日本列島のある陸地の端にくっついて地上付近に取り残されます。こうして日本列島には石灰岩が広く分布するようになりました。

　石灰岩は日本に特有のものではなく、世界中の陸地で見られる岩石ですが、日本の石灰岩は不純物が少なく、鉱石としての品質のよさが際立っています。なぜなら、世界の多くの場所で見られる石灰岩は、大陸周辺の浅い海でできたサンゴ礁に由来しており、そうした場所の石灰岩には大陸からの土砂が混じりやすいからです。

　一方、日本の石灰岩は太平洋の海底にできたサンゴ礁に由来している

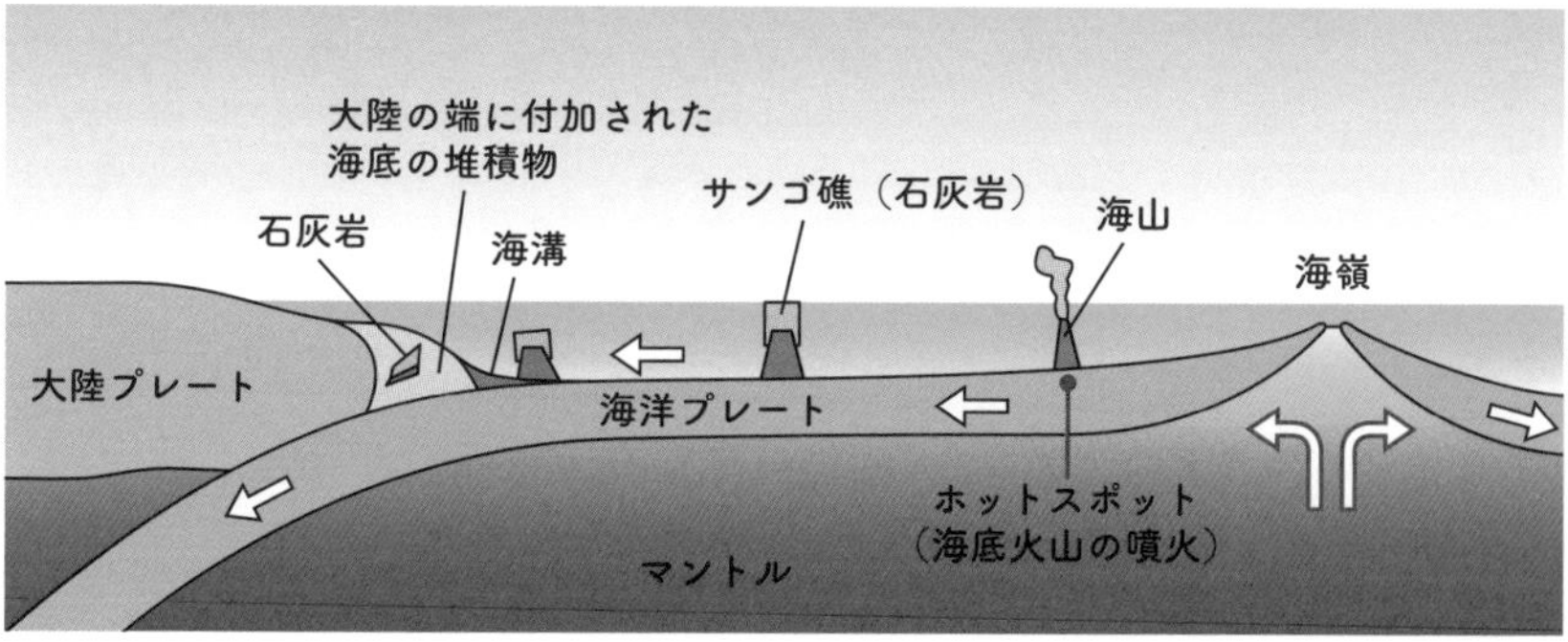

図1.11　太平洋の真ん中で堆積した石灰岩が、現在の日本列島付近（ユーラシア大陸の東の端）にまで運ばれてくる様子（石灰石鉱業協会ホームページより作成）

ので、近くに大陸はなく、泥や砂をあまり含まない純度の高いものになりました。日本に高品質の石灰石鉱山が多いのは、海底の岩盤が沈み込む場所に日本列島が位置しているからなのですね。

参考文献

◎ 杉田隆『石灰石鉱業の現状と課題』
https://www.jstage.jst.go.jp/article/mukimate2000/14/329/14_329_226/_pdf

ガラスの主原料は、風化が生んだ透明な砂

ガラスの原料は透明な砂

建物の窓ガラスや自動車のガラス、スマートフォンの画面など、私たちの生活に欠かせないガラス製品の数々。透明でツヤがあり、とても美しいですね。

ガラスのおもな原料は、珪砂《けいしゃ》、ソーダ灰《ばい》、石灰石の3つで、いずれも地下から採れる鉱物資源です。このうち珪砂が、原料のおよそ70%を占めます。

珪砂というのは、二酸化ケイ素でできた透明な砂（図1・12）。鉱物名は石英といい、大きくて形のいいものは宝石の水晶となります。

言い換えれば、水晶を細かく砕いた透明な砂が珪砂であり、これがガラスの主成分ということです。水晶とガラス、どちらも透明で見た目がよく似ていますが、成分もほぼ同じなのですね。

また、ソーダ灰というのは炭酸ナトリウムの工業薬品としての呼び名で、鉱物名でいうと、トロナやナトロンという鉱物が該当します。石灰

図1.12　珪砂（写真：Shutterstock）

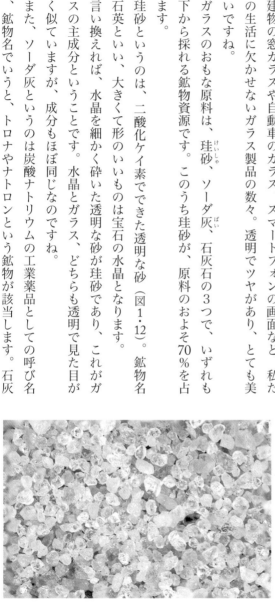

石は、先述の通り、炭酸カルシウムの鉱石でしたね。

これらを混ぜ合わせて1500℃ほどの高温で溶かし、熱いまま（800〜1200℃）で成形しつつ徐々に冷ましていくことで、あの美しいガラス製品が生まれるのです。

ちなみに、珪砂だけでもガラスはできますが、その場合は溶融過程でさらなる高温（約2000℃）が必要になり、成形もしにくいというデメリットがあります。そこで、ソーダ灰や石灰石を混ぜることでガラスの溶ける温度（軟化点）を低くし、成形しやすくしているのです。

日本の珪砂鉱山はちょっと特殊

日本の場合、ガラスの主原料である珪砂はオーストラリアやマレーシアなどから大量に輸入されていますが、国内産の珪砂がまったくないわけではありません。日本にも愛知県や島根県に珪砂鉱山があって、工業用原料として、ガラスメーカーに珪砂をしっかり供給しているのです。石灰石のように国内自給率100%とまではいきませんが、珪砂もまた、国内で自給できる鉱物資源なのですね。

さて、そんな日本の珪砂鉱山ですが、海外の珪砂鉱山とはちょっと様子が異なります。端的にいうと、日本の珪砂鉱山は「山砂」で、海外のものは「海砂」。

オーストラリアなどの珪砂鉱山では、海岸の砂浜で珪砂を採掘したり、あるいは水面下に溜まった珪砂をごそっとかき集めたりしています。つまり、今まさに珪砂が集積している場所で採掘しているわけですね。できたてホヤホヤの、新しい地層からなる珪砂鉱山というわけです（図1・13）。

これに対し、日本の珪砂鉱山では、山を切り崩して珪砂を採掘しています。掘り起こしている地層は約2300万年前以降にできたもので、地質学的には決して古い地層ではありませんが、オーストラリアの珪砂鉱山のような「現在進行形」の地層と比べれば、随分と時代が異なるわけです。日本の場合、もともとは水辺などで集積した珪砂の地層が、長い年月のうちに山となって、現在「山砂」として採掘されているという状況です。

花崗岩の風化によって珪砂が集積する

これまで一口に「日本の珪砂鉱山」といってきましたが、地域によってもそのでき方は異なります。日本で最も代表的な愛知県の珪砂鉱山は、河川によって運ばれてきた珪砂が、河口付近の低地や湖に集積することでできました。

では、その珪砂はいったいどこから運ばれてきたのでしょうか。どこかに水晶の山があって、細かく砕けた水晶のかけらが雨に流され、河川を流れ下ってきたのでしょうか。

じつは、珪砂の起源は、花崗岩というありふれた岩石です。花崗岩とは、石英、長石、黒雲母などの鉱物からなる白っぽい岩石で、建築材料として広く使われているもの。この花崗岩が風化すると、石英などの鉱物がバラバラになって「真砂《まさ》」と呼ばれる淡い黄土色の砂ができます。

図1.13 オーストラリアの海岸に広がる珪砂の砂浜。クイーンズランド州ウィットサンデー諸島（写真：Shutterstock）

真砂の中の石英ばかりが集積すれば珪砂ということになりますが、真砂には長石や黒雲母も含まれているので、このまま河川によって運ばれても珪砂鉱山はできません。ここで大切になってくるのが、鉱物ごとの「風化のしやすさ」です。

どういうことかというと、石英はとても風化しにくい鉱物で、長石や黒雲母は比較的風化しやすい鉱物だということ。ですから、雨や河川の水に長い時間さらされることで、長石や黒雲母はだんだんと溶けていってしまいます。

したがって、風化の進んだ真砂では石英の割合が大きくなり、珪砂に近い砂ができるのです。

ただ、長石も黒雲母も、水に溶けて完全になくなってしまうわけではありません。特定の元素が水に溶け出すなどして「粘土鉱物」と呼ばれる微細な鉱物に変化し、水と一緒に河川を流れていきます。また、粘土鉱物にならずに、長石や黒雲母の細かい粒子として流れていくものもあるでしょう。

このように、石英以外の鉱物が完全になくなってしまうわけではありませんが、風化のしやすさの違いによって石英はほぼ無傷で残り、その他の鉱物は小さくなっていきます。すると、粒子の大きさの違いで、これらの鉱物は分かれて集積することになります（図1・14）。

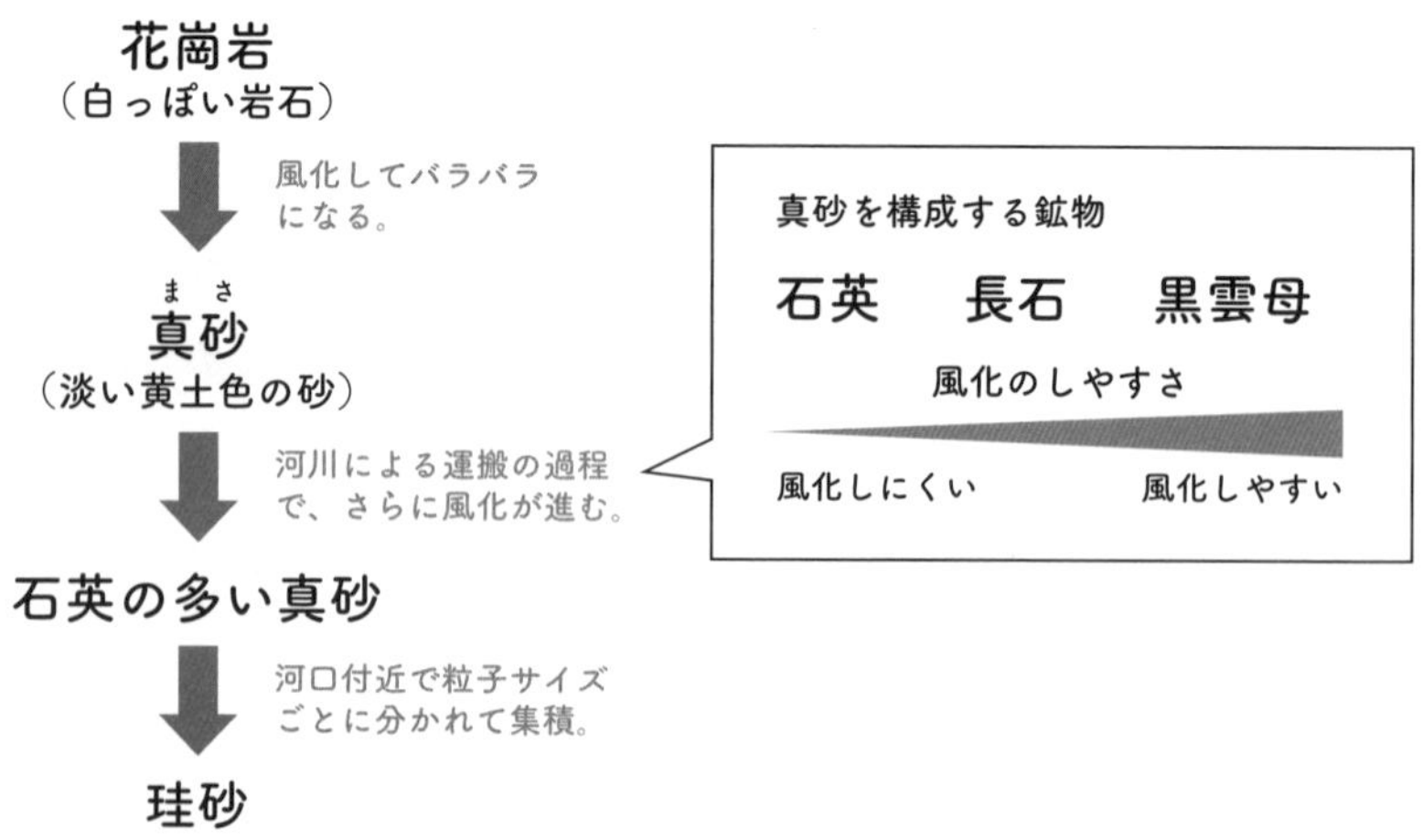

図1.14　珪砂が集積する過程

大きい粒子のほうが水に沈みやすいので、河口付近では石英ばかりが集積するわけですね。細かい粒子は沈澱しにくく、より遠くまで流されていきます。このようにして、珪砂鉱山ができていったのです。

なお、愛知県の珪砂鉱山には、花崗岩だけでなく変成岩に由来する珪砂も集積しています。この辺りの変成岩は砂や泥でできた堆積岩がマグマの熱によって変化したもので、それらが風化することで、花崗岩の場合と同じように石英だけが集積していきました。

珪砂の起源が花崗岩や変成岩ということは、ガラスの原料がこれらの岩石に由来しているということです。ガラスもまた、石からつくられた身近な材料なのですね。

参考文献

◎青柳宏一『塩水起源の鉱物と金属資源』堆積学研究70、15-24（2011）
https://www.jstage.jst.go.jp/article/jssj/70/1/70_1_15/_pdf

◎野見山邦洋『ソーダ石灰珪酸塩ガラスに用いる天然珪砂の起源』New Glass 30、39-44（2015）
https://www.newglass.jp/mag/TITL/maghtml/115-pdf/+115-p039.pdf

ハイテク製品に必須のレアメタル。海底の泥が次世代の鉱山に

現代のハイテク産業を支えるレアメタル

レアメタル（希少金属）というのは、産出量が少なく、かつ工業的に重要とされる金属のことです。具体的にどんな金属がレアメタルかというと、国によって定義は異なりますが、日本ではニッケル（図1・15）、クロム（図1・16）、タングステン（図1・17）、コバルト、モリブデン（図1・18）、マンガン（図1・19）、バナジウム（図1・20）など、55種類の元素のことを指します。

レアメタルは現代のハイテク産業を支える貴重な資源。例えばスマートフォンには15種類ものレアメタルが使われていて、その内訳は次の通りです。

- ＩＣチップ：金、銀、銅、スズ
- コンデンサ：タンタル、マンガン、ニッケル、バリウム、チタン、パラジウム
- 液晶画面：インジウム
- 振動モーター：ネオジム、ジスプロシウム
- バッテリー：リチウム、コバルト

図1.15 ニッケル。おもな用途は、ニッケル-カドミウム電池、合金の素材(ステンレス鋼、白銅)、ニクロム線など(写真: Shutterstock)

図1.16 クロム。おもな用途は、クロムめっき、ニクロム線、合金の素材(ステンレス鋼、クロムバナジウム鋼、クロムモリブデン鋼)など(写真: Shutterstock)

図1.17 タングステン。おもな用途は、白熱電球のフィラメント、電子レンジのマグネトロン、ドリル(切削工具)、戦車の特殊装甲など(写真: Shutterstock)

図1.18 モリブデン。おもな用途は、自動車、飛行機、高層ビルの建材(以上、鉄鋼の添加剤として)、電極、固体の潤滑剤など(写真: Shutterstock)

図1.19 マンガン。おもな用途は、乾電池の電極、鉄鋼の添加剤、アルミニウム-マンガン系合金(アルミ缶の素材)など(写真: Shutterstock)

図1.20 バナジウム。おもな用途は、高層ビルの建材、自動車、スパナなどの工具類(以上、鉄鋼の添加剤として)、耐熱性ステンレス鋼、硫酸合成のための工業用触媒、陶磁器用の顔料、塗料、電子素子、蛍光体など(写真: Shutterstock)

ここではスマートフォンを例に挙げましたが、電子部品や先端材料は現代の工業製品に広く使われており、もちろんスマートフォンに限った話ではありません。代表的なものとしては、ハイブリッド車、電気自動車、LED照明、センサー、風力発電機など。レアメタルが安定的に供給されないと、さまざまな工業製品が生産できなくなるのです。

なお、レアメタルと似た言葉で「レアアース（希土類元素）」という言葉がありますが、こちらはもっと狭い範囲の、特定の元素を指します。具体的には、スカンジウム、イットリウム、ランタン、セリウム、ネオジム、ジスプロシウムなどの17元素。日本が定める55種類のレアメタルのなかには、レアアースも含まれています。

レアメタルの産地は限られている

このように現代のハイテク産業に欠かせないレアメタルですが、生産国は非常に限られています。2021年の世界の生産量を元素ごとにいくつか見てみると、タングステンは中国が84%、コバルトはコンゴ民主共和国が71%、レアアース（17元素合わせて）は中国が60%を占めています。

貴重な資源の供給をひとつないしは少数の国に頼っているため、供給元の国の情勢や外交戦略によって、ハイテク産業は極めて大きな影響を受けることになります。ですので、各国ともこの状況を改善するため、新たな鉱山開発を行なったり、貿易相手国を増やしたり、あるいは国内の備蓄を増やしたりといった対策を行なっています。

ところで、なぜレアメタルの生産地は特定の国に偏っているのでしょうか。石油や天然ガスのように、限られた地域の地層にしか埋まっていないからでしょうか。

これも元素によって少し事情が異なるので、ここではレアアースについて取り上げてみます。先ほどの数字では、レアアースの生産は中国が60%を占めていましたね。

生産量という点で見れば中国が圧倒的ですが、資源としてレアアースが存在している国は中国だけではありません。中国の生産量が際立って多いのは、じつは採掘にかかるコストが安いためなのです。

レアアースの鉱石には放射性元素であるトリウムやウランが含まれているので、鉱山開発によって深刻な環境汚染が引き起こされます。鉱山からの廃水が周辺の土地を汚染するわけですね。もちろん、労働者の被ばくも深刻な問題です。

環境へのこのような悪影響があるため、環境規制の厳しい国では対策に膨大なコストがかかったり、そもそも採掘や製錬ができなかったりするのですが、中国では規制がゆるく、大規模な採掘が行なわれているのです。それに加え、人件費の安さも採掘コストを抑えるのに大きく貢献しています。

こうして採掘コストの安さを武器に、中国はレアアースの生産量を大きく伸ばしてきましたが、当然ながら環境汚染は深刻です。中国北部、モンゴルと国境を接する内モンゴル自治区のバオトウ市には世界最大のレアアース鉱山があるのですが、そこでは周辺の農地に汚染が広がっているということです。

このような状況を踏まえると、少なくともレアアースについては、生産量が中国に偏っているおもな原因は各国の環境規制にあるといえます。逆にいえば、そこを乗り越えられれば他の地域でも生産が可能になり、中国に依存しなくても済むということです。
しかし、そんなことが可能なのでしょうか。

海底の泥が次世代のレアアース鉱山に

環境汚染を引き起こすことなくレアアースを採掘する新たな方法が、じつは日本で始まっています。日本の最東端にある島、南鳥島の周辺の海底で2013年に、高濃度のレアアースを含む泥が発見されました。

高濃度のレアアース源となっているのは、この泥に含まれる大量の魚の骨の化石です。魚の骨は、生きている間はほとんどレアアースを含みませんが、死後に海底に堆積してからは、海水中のレアアースを非常に高い濃度になるまで濃集します。

南鳥島の周辺には巨大な海山があるのですが、今からおよそ3450万年前、地球の寒冷化に伴って海山の周りで栄養に富む深海底の海水が上昇し、大量の魚が集まるようになったと考えられています。それらの死骸が長い年月の間にレアアースを蓄え、高濃度のレアアースを含む泥を形成したのです（図1・21）。

海底の泥がレアアースの採掘に有利な点は、レアアースの濃度が高いことだけではありません。海底の泥には、陸上のレアアース鉱山とは違い、放射性物質であるトリウムやウランが含まれていないのです。

そのため、採掘のために海底から引き上げた大量の泥をどこかに廃棄しても、放射能で環境を汚染する心配がありません。環境規制の問題をクリアできる採掘方法というわけです。

これらの利点に加え、鉱石に比べて泥のほうがレアアースの抽出が容易であること、また、海底の浅い部分（海底下数ｍ以内）に溜まっている泥なので採掘しやすいこと、などの利点もあります。水深５８００ｍほどの深海底での採掘なので、高度な技術を要することは確かですが、基本的には既存の技術を応用することで採掘可能ということです。

２０２２年現在、東京大学を中心に採掘、製錬、残泥処理などの技術開発が進められていますが、まだ商業化には至っていません。レアメタルの一部であるレアアースは、ハイテク産業を支える重要な鉱物資源。国を挙げての迅速な技術開発、商業化が望まれます。

参考文献

◎アメリカ地質調査所（ＵＳＧＳ）『Mineral Commodity Summaries 2022』
https://pubs.er.usgs.gov/publication/mcs2022

◎神戸大学『南鳥島沖の「超高濃度レアアース泥」は地球寒冷化で生まれた』（２０２０年６月18日）
https://www.kobe-u.ac.jp/research_at_kobe/NEWS/news/2020_06_18_01.html

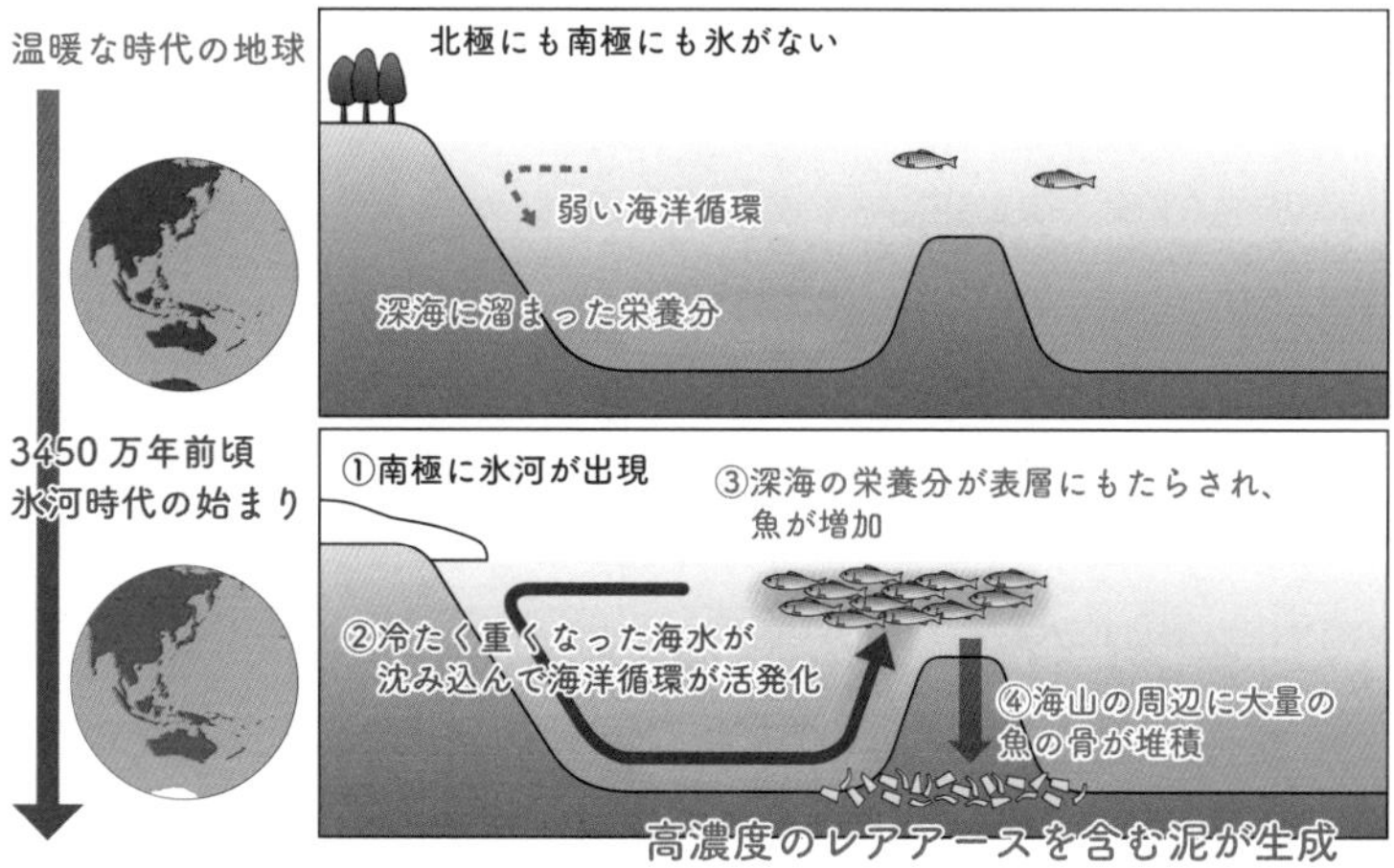

温暖な時代の地球
北極にも南極にも氷がない
弱い海洋循環
深海に溜まった栄養分
3450万年前頃
氷河時代の始まり
①南極に氷河が出現
②冷たく重くなった海水が沈み込んで海洋循環が活発化
③深海の栄養分が表層にもたらされ、魚が増加
④海山の周辺に大量の魚の骨が堆積
高濃度のレアアースを含む泥が生成

図1.21　海底で高濃度のレアアースを含む泥が生成されるしくみ（早稲田大学ホームページ「超高濃度レアアース泥　寒冷化で生成」より作成）

炭酸飲料の元祖は、マグマが生んだ天然の炭酸水

コーラやサイダーなど、シュワっとした爽快感が人気の炭酸飲料。その起源は今から2000年以上も前の古代ローマ時代といわれており、もともとは炭酸ガスを含む冷たい湧き水、あるいは温泉水が飲用されていました。私たちが飲むほとんどの炭酸飲料は人工的に二酸化炭素を加えたものですが、元祖は天然の炭酸水だったのですね。

さて、現在でも世界中で広く飲まれている天然の炭酸水に、南フランス産のミネラルウォーター「ペリエ」があります。ここで少し、ペリエが生まれた経緯を地質学的に見てみましょう（図1・22）。

ペリエの採水地はヴェルジェーズという街で、この辺りは石灰岩が広く分布する地域。石灰岩の成分は炭酸カルシウムなので、雨水が石灰岩の地層にしみ込むことで、地下の深い場所では炭酸ガスを多く含む地下水が形成されていきました。今から1億年以上も前、白亜紀という時代のことです。

そして、地下深くまでしみ込んだ地下水はマグマの熱で加熱され、地層中に炭酸ガスを放出しました。こうして生まれた炭酸ガスが、こんどは地層の割れ目に沿って上昇。その過程で地表付近のきれいな地下水と混ざり合って、炭酸水ができたのです。ペリエの天然炭酸水は、石灰岩の地層とマグマ活動が生んだ、見事なコラボレーション作品といえるでしょう。

炭酸ガス入りの冷たい湧き水や温泉は世界各地で見られ、それほど珍しいものではありません。日本でも大分県の長湯《ながゆ》温泉や七里田《しちりだ》温泉が、炭酸泉（二酸化炭素泉）として有名です。

大分県の炭酸泉はペリエとは少し形成過程が異なり、地下深くのマグマから放出された二酸化炭素（つまり火山ガス）が、地表付近の地下水と混ざり合うことで形成されました。これらの温泉水には土壌中の二酸化炭素も溶け込んでいますが、おもな二酸化炭素の供給源は地下のマグマだといわれています。

ペリエも大分県の炭酸泉も、その形成にマグマ活動が関わっているという点は同じです。炭酸飲料の元祖、天然炭酸水は、マグマ活動の賜物なのです。

参考文献

◎山田誠『九重火山に湧出する冷たい炭酸水』日本水文科学会誌47、135-140（2017）
https://www.jstage.jst.go.jp/article/jahs/47/2/47_135/_pdf

図1.22　天然炭酸水「ペリエ」の生成過程

CHAPTER

2

勘違いしているかも。
似たようで違うもの

岩石名？　石材名？　大理石ってどんな石？

大理石は石材業界で使われる石の名前

私たちが耳にする身近な石の名前に、大理石があります。上品で高級感があり、老舗デパートの床や壁によく使われている石材ですね。デパート以外でも、オフィスビルや駅の構内、美術館、ホテル、大学、国会議事堂など、じつにさまざまな場所で使われているので、イメージが浮かびやすいのではないでしょうか。

ではここでひとつ、あなたが知っている大理石を思い浮かべてみてください。漠然とで構いません。それはどんな色で、どんな模様をしていますか。

おそらく、いくつかの色や模様が思い浮かんで、なかなかひとつには決められなかったのではないでしょうか。白っぽいもの、ベージュ色のもの、深い緑色のもの、水が流れるような模様や不規則な線が入ったものなど、「大理石」と一口にいっても、そのバリエーションは多岐にわたります。いったい、大理石とはどんな石のことを指すのでしょうか。

こうなってくると、大理石の地質学的な定義が知りたくなりますね。例えば、花崗岩なら、「二酸化ケイ素を多く含むマグマが地下深くで冷えて固まったもの」。砂岩なら、「砂が堆積して地下の圧力や化学成分によって固まったもの」。こんなふうに、大理石にも何らかのわかりやすい定義があるはずです。

しかし、残念ながら大理石には、地質学的なはっきりとした定義がありません。大理石は岩石名ではなく、石材名だからです。石材業界において、おもに内装の装飾用に使われる石材を、大理石と呼んでいるのです。

「岩石名」と「石材名」の違い、ちょっとわかりにくいかもしれませんね。簡単にいうと、岩石名のほうは、岩石を「でき方」や成分（化学組成）によって分類した呼び名。学術研究の分野で使われる名前です。これに対して石材名は、石材メーカーや消費者が「用途」や産地によって分類した呼び名であり、建築や美術の分野で使われています。

そのため、地質学的な分類によらず、内装の装飾用建材、あるいは彫刻用の材料に適した石のことを、広く大理石と呼んでいるのです。

大理石と呼ばれる石材の正体

「大理石は、岩石名ではなく石材名」ということで、大理石とは用途によって分類された呼び名であることを見てきました。それでは、地質学的な分類において、大理石と呼ばれる石にはどんな岩石が含まれるのでしょうか。

最も代表的なものが、結晶質石灰岩と呼ばれる岩石です（図2・1）。結晶質石灰岩とは、石灰岩という炭酸カルシウムでできた岩石が、マグマ由来の熱い地下水の作用で変化したもの。炭酸カルシウムは熱い地下水に溶けやす

図2.1　結晶質石灰岩の大理石。全体的に白色で、淡いグレーの線が見られたり、水の流れるような模様（同じく淡いグレー）が見られたりする（写真：Shutterstock）

く、溶けてから再び結晶になることで、つぶの粗い結晶の集合体になるのです。結晶の大きさは1～5㎜程度で、砂つぶくらい。

これら砂つぶサイズの結晶は方解石という鉱物で、無色透明あるいは白色です。そのため結晶質石灰岩も透明感のある白色で、割れ目に光が当たるとキラキラと輝きます。想像しただけでも美しいですね。しばしば純白に近い結晶質石灰岩ができあがるのですが、これは元の石灰岩に含まれていた不純物が熱い地下水に洗い流されるためです。

全体的に白色で、淡いグレーの模様が入っている大理石が結晶質石灰岩。有名どころでは、古代ギリシャの彫刻『ミロのヴィーナス』の大理石も、結晶質石灰岩です。

結晶質石灰岩のほかにも、大理石と呼ばれる石には石灰岩、トラバーチン、蛇紋岩などが含まれます。

全体に淡いベージュ色で、茶色ないしオレンジ色のギザギザの線が入った大理石が石灰岩です（図2・2）。結晶質石灰岩と違い、石灰岩はマグマ由来の熱い地下水の影響を受けておらず、結晶の溶解と再結晶化を経験していません。そのため、石灰岩ができるときに一緒に堆積した海の生物の化石（アンモナイトや貝）がしばしば保存されています。

また、トラバーチンというのは穴ぼこの多い層状の石灰岩のことです（図2・3）。典型的な石灰岩は、サンゴの骨格や、有孔虫と呼ばれる動物プラン

図2.2　石灰岩の大理石。全体的に淡いベージュ色で、茶色ないしオレンジ色のギザギザの線が見られる（写真：Shutterstock）

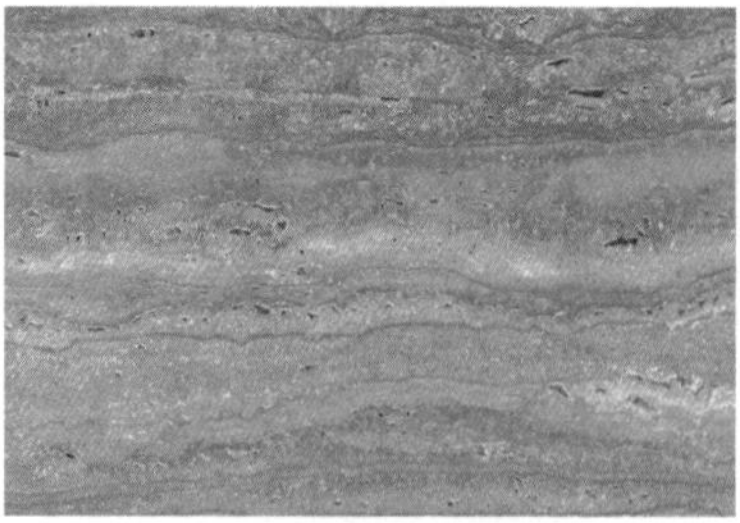

図2.3　トラバーチンの大理石。ベージュ色ないし赤茶色で、あちこちに小さな穴があり、地層のように平行の縞模様が見られる（写真：Shutterstock）

クトンの殻が集積することでできますが、トラバーチンは、温泉水に含まれる炭酸カルシウムが無機的に沈澱することでつくられます。淡いベージュ色や赤茶色で、あちこちに小さな穴があり、地層のように平行の縞模様が見られる大理石がトラバーチンです。

蛇紋岩は、マントル上部の橄欖《かんらん》岩が水の作用で変化してできた岩石で、花崗岩と同じマグマ起源です（図2・4）。花崗岩よりも二酸化ケイ素の割合がずっと少なく、マグネシウムを多く含むのが特徴。全体的に深い緑色で、不規則な白い線がたくさん入っているのが、蛇紋岩の大理石です。

大理石と呼ばれる石材には、このように何種類かの岩石が含まれているのです。

図2.4　蛇紋岩の大理石。全体的に深い緑色で、不規則な白い線がたくさん見られる（写真：Shutterstock）

大理石に含まれない内装用の石材

このように、内装の装飾用に使われる石材をまとめて「大理石」と呼んでいるわけですが、内装に使われていても大理石と呼ばれないものがあります。それは「御影石《みかげいし》」と呼ばれるもうひとつの代表的な石材で、こちらは外装にも内装にも適しているため、用途の違う石として区別されているのです。

御影石というのは、地質学的な分類ではおもに花崗岩のことで、その他にも閃緑岩《せんりょくがん》、斑れい岩などが含まれます。兵庫県の御影地方で採れる花崗岩の石材を「御影石」と呼んだのが始まりで、大理石と同じく石材名。

花崗岩、閃緑岩、斑れい岩ともに、地下深くのマグマがゆっくりと冷えてできた岩石で、砂つぶサイズ〜砂利サイズの結晶がびっしりと詰まった構造をしています。違いは二酸化ケイ素の割合で、花崗岩は二酸化ケイ素が多く、斑れい岩は少なく、閃緑岩は両者の中間あたり。

花崗岩の見た目は全体的に白っぽく、ごま塩のような黒い点々があるのが特徴です。建物の外壁や内壁、床、お墓などに幅広く使われていて、最もなじみのある岩石ではないでしょうか。基本は白色ですが、ベージュ色、ピンク色、鮮やかな赤色など、色彩にいくつかのバリエーションがあります。

また、閃緑岩や斑れい岩は全体的に黒っぽい岩石で、いわば花崗岩の黒色バージョン。しばしば「黒御影《くろみかげ》」と呼ばれています。

大理石と御影石。この2つが岩石名ではなく石材名であることを押さえておけば、身のまわりの石材をスッキリ理解できるようになるでしょう。

参考文献

◎西本昌司『地質のプロが教える　街の中で見つかる「すごい石」』(日本実業出版社、2017)

大理石と貝殻は同じ成分でできている

建物の内装に使われる、重厚で華やかな大理石。「大理石」はいくつかの岩石の総称ですが、そのなかで最もポピュラーなものといえば、やはり結晶質石灰岩の大理石です。純白に淡いグレーの模様の入った、美しい石材ですね。

さて、じつはこの結晶質石灰岩、貝殻と同じ成分でできているのです。大理石と貝殻では見た目にずいぶんと差がありますが、どちらも成分はほぼ100％炭酸カルシウム。

では何が違うかというと、炭酸カルシウム結晶の「種類」と「大きさ」、それから結晶の間を埋める「不純物」が異なります。

まず結晶の種類については、結晶質石灰岩は、方解石《ほうかいせき》と呼ばれる1種類の炭酸カルシウムの鉱物でできています。これに対して貝殻は、方解石と霰石《あられいし》という2種類の鉱物が合わさったもの（図2・5）。

方解石も霰石も炭酸カルシウムの鉱物ですが、結晶の構造、すなわち原子の配列が異なります。霰石のほうが、原子が緻密に詰まっていて、密度が大きいのが特徴。硬貨（10円玉）で引っかいたときの傷のつきやすさを比べても、霰石のほうが傷がつきにくく、硬いです。

次に結晶の大きさを見てみましょう。結晶質石灰岩は、砂つぶサイズの方解石の集合体です。結晶のサイズは1～5㎜程度。全体的に均質です。

一方、貝殻は結晶サイズがもっと小さくて、方解石も霰石も、0・1㎜以下の微細な結晶。しかも、まったく均質ではなく、多くの貝殻が3層から5層の層状の構造になっています。それぞれの層で結晶のサイズや形態（板状や柱状など）、あるいは並び方が異なっていて、貝殻はいわばベニヤ板のようになっているのです。

最後に、結晶の間を埋める不純物について。これは貝殻がもつ大きな特徴で、方解石や霰石の結晶の間には有機物が含まれています。その量は、多いところで重さの5%ほど。レンガの隙間をモルタルが埋めるように、板状や柱状の結晶の間を、有機物が埋めているのです。

このように、大理石の代表である結晶質石灰岩と貝殻とでは、成分は同じ炭酸カルシウムでも、結晶の特徴に違いがあることがわかります。

ちなみに、炭酸カルシウムには、酸に溶けやすいという性質があります。塩酸をかけると、結晶質石灰岩（大理石）も貝殻も、ブクブクと二酸化炭素の泡を出しながら溶けてしまいます。

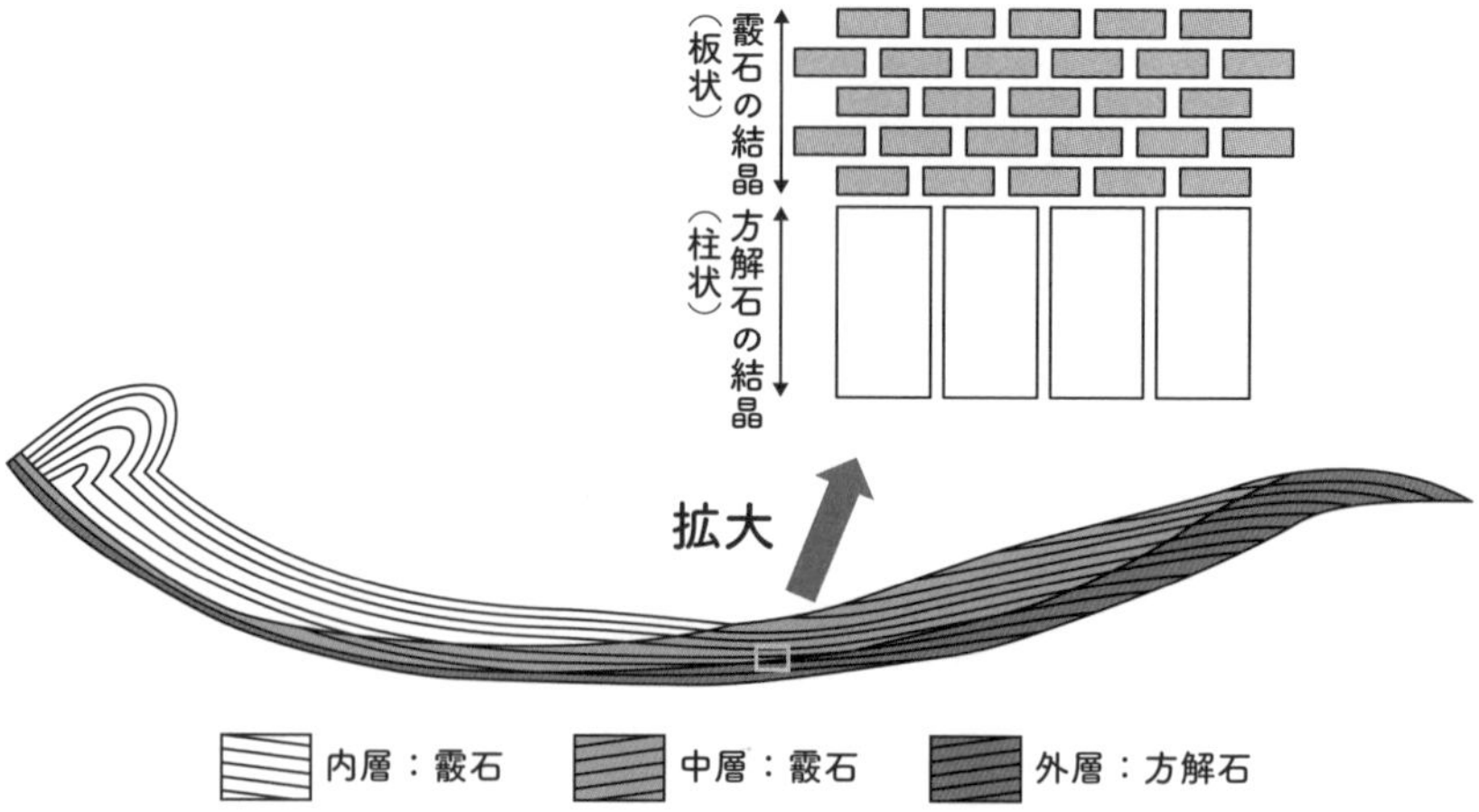

図2.5　アコヤガイの貝殻の断面模式図。内層、中層、外層の3層構造になっている

参考文献

◎東京大学総合研究博物館『貝殻微細構造』
https://www.um.u-tokyo.ac.jp/web_museum/ouroboros/v24n2/v24n2_sasaki2.html

◎中原皓『貝殻における表面形態と内部構造』表面科学15、１８４-１８８（１９９４）
https://www.jstage.jst.go.jp/article/jsssj1980/15/3/15_3_184/_pdf

土は何でできている？
砂と落ち葉を混ぜても土にはならない

頭の中で土をつくってみよう

森や山の土は、何でできていると思いますか？　思いつくまま、土に含まれているものを挙げてみてください。

まずは砂や小石。それから、腐った落ち葉やもっと細かい有機物。有機物には、動物の死骸や糞《ふん》が分解されたものも含まれますね。これらに加え、無数の微生物とミミズなどの小動物もいるでしょう。

このように土にはさまざまなものが含まれていますが、大ざっぱに分ければ、砂や小石などの無機物と、腐った落ち葉などの有機物でできているという認識ではないでしょうか。

たしかにその通りなのですが、砂や小石などの無機物に関して、少しだけ補足しなければならないことがあります。そのことを詳しく見ていくために、まずは頭の中で土をつくることから始めましょう。

土に含まれる無機物の代表的なものは、砂ですね。砂は細かく砕かれた岩石です。手始めに、砂と有機物の代表である腐った落ち葉を混ぜてみることにします。頭の中で。

なんとなく土っぽいものはできますが、砂がパラパラしていて、あのしっとりとした森の土のような感じにはなりません。砂の粒が粗いせいでしょうか。たしかに、土には砂よりももっと細かい石の粉が混ざっているように見えます。

そこで次に、砂を細かくしてみます。すりつぶして、砂つぶが見えなくなるくらい細かい粉にしてみましょう。それから腐った落ち葉と混ぜて、水も少し加えてしっとりさせてみます。より一層、土っぽくなりましたね。ほぼ土といってもいいかもしれません。

しかし、まだ何か足りません。それは、土を指で触ったときの、あの粘り気です。土には砂よりももっとベタベタしたもの、つまり、泥が入っているのです。

土を土らしくしている泥の正体

砂と腐った落ち葉を混ぜても土らしくならず、砂をさらに細かくしても、まだ何か足りない。その足りないものとは、泥。

では、泥というのはいったい何者でしょうか。砂よりも細かいことはたしかですが、先ほど頭の中でイメージしたように、砂を細かくすりつぶしても、ベタベタとした泥っぽい感じにはなりません。あの粘り気、サラサラの砂とは明らかに違います。

泥に粘り気があるのは、その中に粘土が含まれているからです。そう、土を土らしくしているのは、泥の中の粘土なのですね。

粘土は、砂を細かくすりつぶした石の粉とは、根本的に異なる物質です。砂つぶをつくっている鉱物が化学的に変化して、別の鉱物になることで粘土が生成します。これを粘土鉱物と呼んでいます。

化学的な変化というのは、水による風化作用のことです。砂つぶを構成する粒子には、石英や長石、黒雲母などの鉱物が含まれています。長石や黒雲母は比較的風化作用を受けやすい鉱物です。雨水や河川の水に長時間さらされることで、元素の一部が抜けて結晶構造の異なる粘土鉱物へと変化していきます。

泥には、この粘土鉱物がたくさん含まれています。ただし100%粘土でできているわけではなく、粘土になっていない細かい石の粉も含まれます。砂よりも細かい石の粉と、粘り気のある粘土鉱物が混じり合ったものが、土を土らしくしている泥の正体です。

粘土鉱物は層状の超微細な鉱物

粘土鉱物には際立った特徴が2つあります。それは、層状の結晶構造をしていることと、とても微細であること。

まず層状の結晶構造について。基本的に粘土鉱物は、ケイ素、アルミニウム、マグネシウム、酸素などが平面的(二次元的)につながった構造をしています(図2・6)。1枚の層の厚さは1ナノメートルほどで、なんとコピー用紙の10万分の1という極薄サイズ。この極薄の層が1000枚くらい重なっていて、各層の間にはカリウムイオン、ナトリウムイオン、カルシウムイオンなどの陽イオンや、水分子がしばしば挟まれています。

このような層状の結晶構造が、粘土鉱物の際立った特徴のひとつ。とはいうものの、じつは層状の結晶構造は粘土鉱物だけに見られるものではなく、粘土ではない一部の鉱物にも見られます。代表的なものは、花崗岩に含まれている黒雲母。黒雲母も粘土鉱物と同じく極薄の層が積み重なってできていて、板状の比較的大きな結晶の表面にセロテープを貼りつけて剥がすと、層に沿って薄くペラペラと剥がれてくるのです。

そういうわけで、層状の結晶構造をしていることに加え、2番目の特徴である「とても微細であること」が重要になってきます。

粘土鉱物は滅多に大きな結晶になることがなく、そのほとんどが2マイクロメートル（0・002㎜）以下の微細な粒子として存在しています。先ほどのナノメートルの単位と比較すると、2マイクロメートル＝2000ナノメートルなので、けっこう大きいように思えるかもしれません。しかし、「2マイクロメートル以下」というのは非常に細かい粒子なのです。

例えば、セメントの製造工程では、原料の石灰石を粉々に砕いて粉末にしますが、そのときの粒子の大きさは数十マイクロメートルといったところです。石の粉と粘土では、同じ微細な粒子でも、ずんぶんと差があるわけですね。

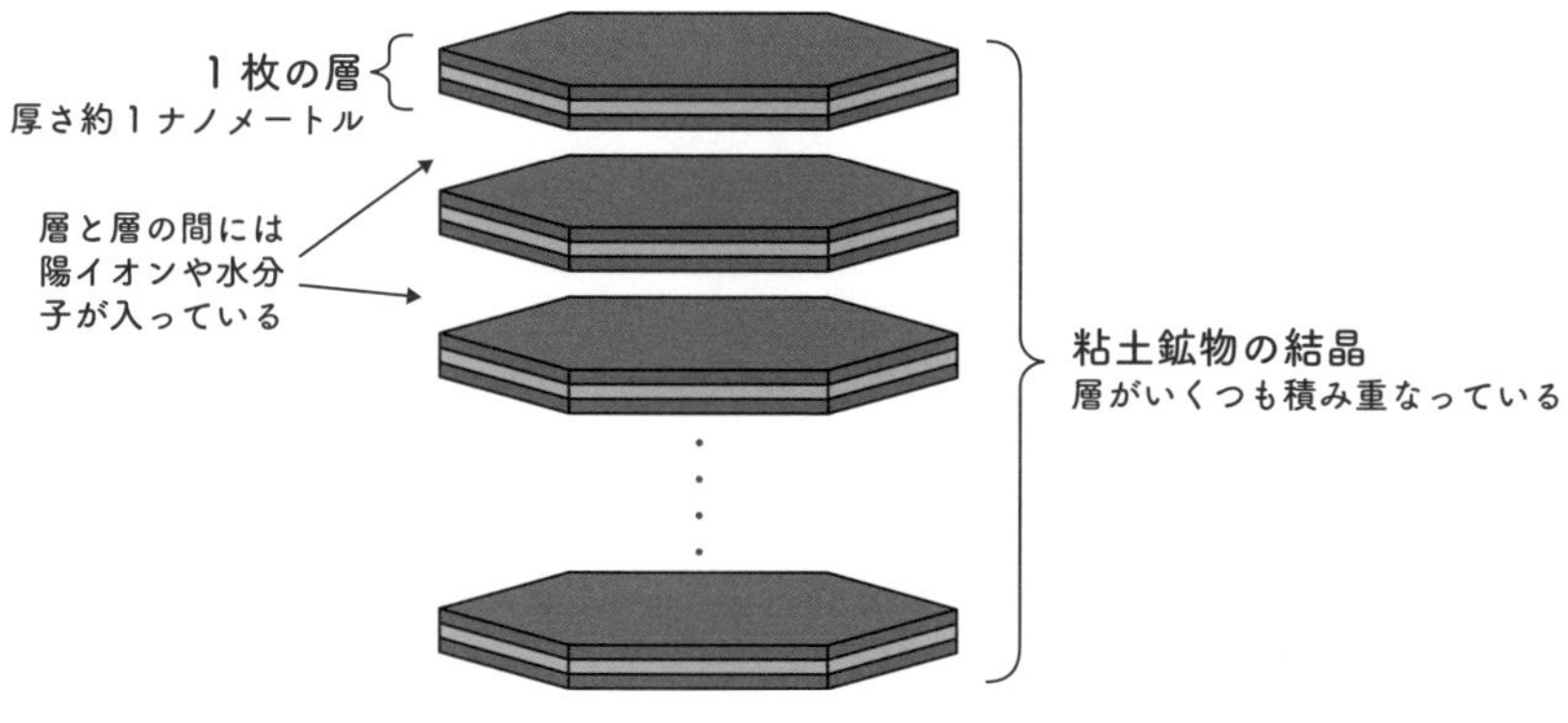

図2.6　粘土鉱物の結晶構造の模式図

粘土は岩石や砂の風化作用によって生まれた、特別に微細な鉱物なので、単に岩石を砕いただけの粉末とは一線を画するものなのです。実際、泥の中には砂よりもはるかに細かい石の粉が混ざっていますが、それらは2マイクロメートルよりも大きく、鉱物の種類としても、粘土に変化していない石英や長石などからなっています。

石の粉では決して到達できないほどの微細なサイズ。これが粘土鉱物の、2つ目の際立った特徴です。

粘土鉱物は層状の結晶構造と微細なサイズという特徴によって、粒子の表面や内部に多くの水分子を保持することができます。水を含むことで特有の粘り気が出てくるのです。

このように、土に含まれている無機物は単なる砂や石の粉ではなく、その中には化学的に変化した粘土鉱物が大量に混ざっているわけですね。砂と腐った落ち葉を混ぜても土にはならず、土ができるには、砂から粘土への根本的な変化が不可欠なのです。

参考文献

◎ 上原誠一郎『粘土基礎講座―粘土の構造と化学組成』粘土科学40、100-111(2000)
http://www.cssj2.org/wp-content/uploads/clay_01.pdf

◎ 吉井豊藤丸『セメント工場における粉砕と収塵』窯協65、20-22(1957)
https://www.jstage.jst.go.jp/article/jcersj1950/65/734/65_734_C28/_pdf

「土を盛り上げれば山になる」は勘違い。山の正体は巨大な岩

山は巨大な岩でできている

海辺の砂浜で山をつくった思い出はありますか？　砂を手でかき集めて、盛り上げて、少し湿って固くなった砂山に模様をつけたり、トンネルを掘ったり。

人にとって「山をつくる」というのは、このように砂や土を盛り上げることですね。もっと大きなサイズでいえば、宅地造成のための盛土《もりど》も、人工的につくられる山です。ショベルカーなどの重機を使って大規模な造成地をつくっていきますが、基本的には海辺の砂山と同じく、土や小石を盛り上げただけのもの。

では、この調子で土をどんどん盛り上げていけば、自然の山ができるでしょうか。別の言い方をするなら、自然の山も、大量の土や小石が積み重なってできたものなのでしょうか。

じつは、そうではありません。自然の山は、基本的に巨大な岩でできています。

山に行けば足元には土がありますが、その土を掘り進んでいくと、1～2ｍも掘れば硬い岩盤に突き当たるのです。山の土は巨大な岩の表面を覆っているだけの薄い層で、山の本体はその下にある硬い岩石。ですから、大雨や地震で崖崩れが起きると、表面の土砂が斜面を流れくだり、その下

にある岩盤がむき出しになります。

では、巨大な岩である山は、どのようにしてできるのでしょうか。

水の彫刻と溶岩の重なり

山のでき方には、2つあります。それは、盛り上がった岩盤が水で削られるか、噴き出した溶岩が積み重なるか（図2・7）。

まずは一つ目の、「盛り上がった岩盤が水で削られる」を見ていきましょう。

地下の岩盤は、岩石の違いによって地殻とマントルに分けられるわけですが、一方で、硬さによっても2つの部分に分けることができます。すなわち、地殻とマントル最上部を合わせた厚さ100㎞ほどの硬い部分と、その下にある、熱くて少しだけやわらかいマントル部分。硬い部分は「プレート」と呼ばれ、やわらかい岩石の上に乗って、非常にゆっくりと移動しています。その速度

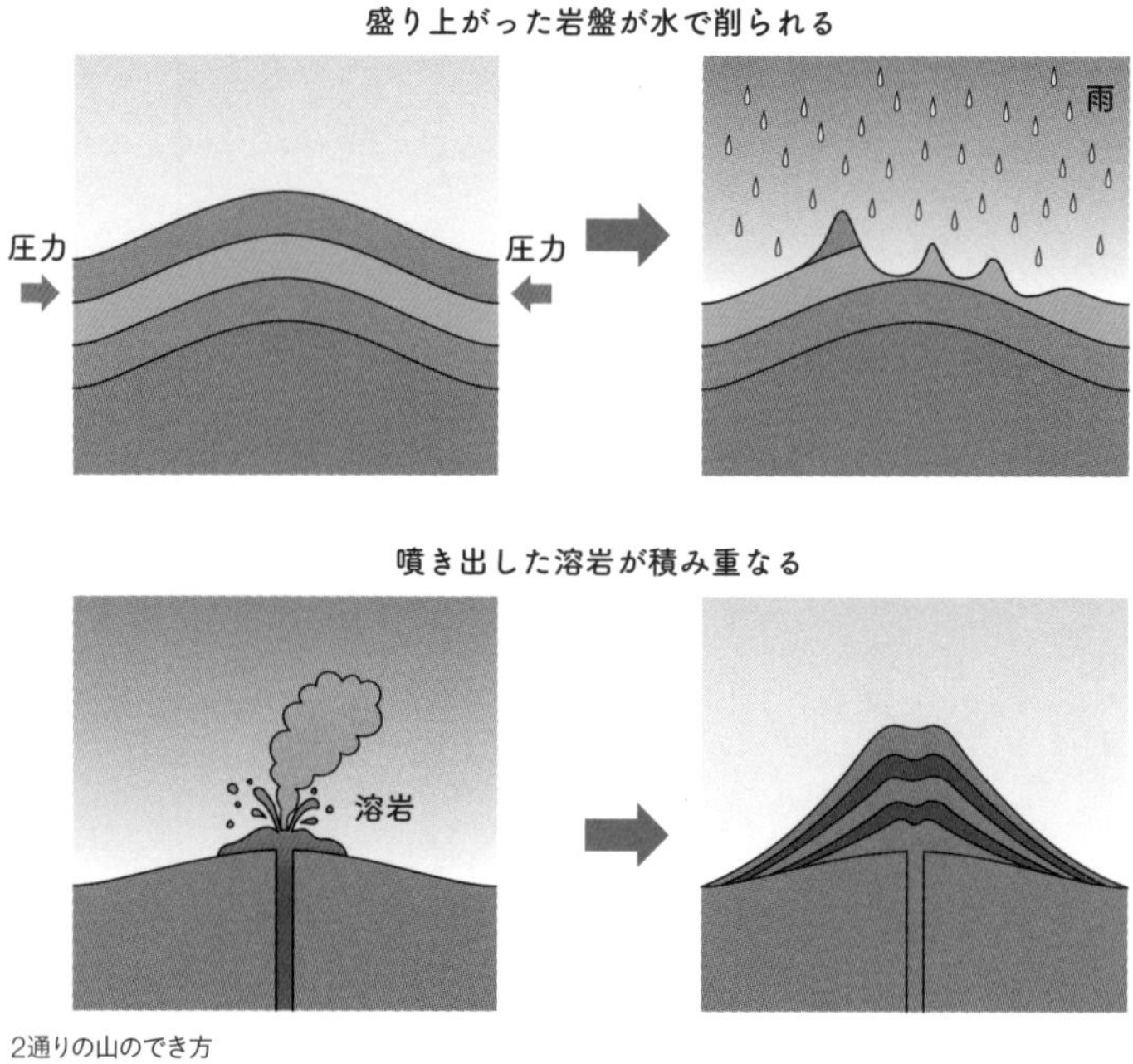

図2.7　2通りの山のでき方

は、年間1～10㎝程度。

このプレートの動きが岩盤どうしの衝突を引き起こすため、ぶつかった境界部分には非常に大きな力がかかり、岩盤を無理やり押し曲げてしまいます。その結果、まるで布にシワができるように岩盤は変形し、その辺り一帯は盛り上がっていくのです。

盛り上がった岩盤は、標高が高くなるにつれ、今度は雨や氷河による侵食を受けるようになります。流れる水で削られたり、氷の重みで削られたりするわけですね。このようにして、盛り上がった岩盤には谷が刻まれ、私たちがよく知っている険しい山脈の姿になっていくのです。

というわけで、ひとつ目の山のでき方は、盛り上がった岩盤を素材にした、水による彫刻。ヒマラヤ山脈、アルプス山脈、日本の飛騨山脈や木曽山脈などがこのタイプの山です。

次に2つ目の、「噴き出した溶岩が積み重なる」について。これは火山のことです。

火山では、地下に蓄えられたマグマが噴き出し、溶岩となって火口周辺を覆います。噴火が繰り返し起こることで、火口周辺の溶岩はどんどん積み重なっていき、次第に大きな山へと成長。溶岩だけでなく、降り積もる火山灰や噴石も積み重なっていきますが、基本的には溶岩という「岩」からできた山であって、土や砂を盛り上げただけのものとは異なります。

日本の富士山（成層火山）、雲仙・普賢岳（溶岩ドーム）、ハワイのキラウエア火山（楯状火山）など、火山にはいくつかのタイプがありますが、いずれも溶岩でできた岩山であることに変わりはありません。

なお、岩盤の盛り上がりでできた山脈も、溶岩の積み重なりでできた火山も、風化や侵食が進めば徐々に低くなってしまいます。長い年月のうちに、やがては「山」でなくなってしまうでしょう。

山が山であり続けるには、岩盤が盛り上がり続けなければなりませんし、噴火が繰り返し起きて、溶岩が補充されなければなりません。私たちが目にするヒマラヤ山脈や富士山は、この絶え間ない営みを続けてきた結果なのです。

ヒマラヤ山脈は今でも高く押し上げられていますし、富士山は歴史上何度も噴火してきました。だからこそ、高く美しい山であり続けられるのです。

例外的な自然の「砂山」

自然の山は巨大な岩であって、土や砂を盛り上げただけの人工の山とは根本的に違う。ここまで、そういう話をしてきました。

最後に少しだけ補足します。じつは例外的に、砂を盛り上げただけの自然の山も、あるにはあります。それは火山地形のひとつで、スコリア丘と呼ばれるものです。

「スコリア」とは黒っぽい噴石のことで、空中に飛び散ったマグマが落下する前に冷えて固まったもの。サイズは砂利から小石くらい、あるいはもっと大きいものまでさまざまです。

先ほど火山の話のところで、溶岩と一緒に火山灰や噴石も積み重なるといいましたが、スコリア丘とは、おもに噴石だけが積み重なってできた山なのです。ですから、いってみれば砂を盛り上げただけの「砂山」ということになります。

スコリア丘は、岩盤の侵食や溶岩でできた山よりはずっと小規模であるものの、火山地帯に数多く見られる自然の山です。日本の例を挙げると、阿蘇山の「米塚」(図2・8)や伊豆半島の大室山《おおむろやま》が典型的なスコリア丘。なだらかで均整のとれた円錐形をしています。

スコリア丘の形がなだらかな円錐形なのは、「砂山」であることと関係があります。噴き上げられた砂利や小石が降り積もる様子は、ちょうど砂時計の砂が落下して砂山をつくる様子に似ています。

砂時計の砂山では、砂つぶが転がって安定な場所に落ち着くため、急な斜面にはなりません。途中、少し急な山になってきたかと思うと頂上から崩れ、結局は約30度のゆるやかな斜面になっていくのです。この角度を「安息角《あんそくかく》」と呼んでいます。

スコリア丘も同じような理由で、なだらかで均整のとれた円錐形の山になっていきます。まさに「砂山だからこその形」といえますね。

図2.8　阿蘇山の米塚。典型的なスコリア丘で、均整のとれた円錐状の形をしている（写真：Shutterstock）

参考文献

◎逢坂興宏・塚本良則『自然斜面の土層の厚さについて』緑化工技術12、1-6（1987）
https://www.jstage.jst.go.jp/article/jjsrt1973/12/3/12_3_1/_pdf

火山灰は「灰」ではなく、尖ったガラスや鉱物でできたつぶつぶ

焚き火の後の「灰」と火山灰の違い

桜島の噴火で知られる鹿児島県。県内では日常的に火山灰が降り積もり、自動車や道路、農作物やビニールハウスの上に積もった火山灰を、毎日のように除去しています。桜島の火山活動は、爆発的な噴火だけでも1年に200回以上記録されていますから、住民への火山灰の影響はとても大きいといえますね。

ところで、噴火している火山が身近にない地域の人にとって、火山灰のイメージはどんなものでしょうか。「灰」というくらいですから、火山灰も焚《た》き火の後に残る灰と似たようなものだと、漠然と想像しているかもしれません。色もなんとなく似ていますし。

じつは、火山灰と焚き火の後に残る灰とは、まったくの別物です。

私たちが日常的に目にする「灰」は、植物などの有機物、すなわち落ち葉や枯れ草、藁《わら》、小枝などを燃やしたときの「燃えかす」です。焚き火の後の灰を思い出してみるとわかるように、ふわっとしたやわらかい感じの物質ですね。炭酸カリウム、ケイ酸カリウム、炭酸カルシウム、リン酸などでできています。

これに対し火山灰は、ざらざらした砂つぶでできています。火山灰は爆発的な噴火で空中に巻き上げられた、粒の細かいガラス、鉱物、あるいは岩石の粉なので、植物の燃えかすのようにやわらかいものではありません。むしろ硬くて尖っている粒子です。

そのため、車に積もった火山灰を乾いた布で拭き取ろうとすると、細かい引っかき傷がついてしまいます。鹿児島県の人は、水で洗い流すか、圧縮空気の噴射で吹き飛ばしているそうです。

火山灰を構成する硬くて尖った粒子

火山灰を構成する砂つぶサイズの粒子について、もう少し詳しく見てみましょう。

火山灰は、おもに火山ガラス、マグマ中で結晶化した鉱物、爆発で粉砕された周囲の岩石の残骸、の3つでできています（図2・9）。いずれも直径2㎜以下の砂つぶで、非常に細かいために、水蒸気などの火山ガスと一緒に空高く巻き上げられます。

火山ガラスは、発泡したマグマのしぶきが急に冷やされてできた、尖ったガラスのかけらです。色は透明で、顕微鏡で見ると、粉々に砕け散ったガラスのかけらのように見えます。

火山灰	火山ガラス	発泡したマグマのしぶきが急冷されてできた、尖ったガラスのかけら。
	マグマ中で結晶化した鉱物	火山が噴火する前からマグマ中に形成されていた、小さな鉱物粒子。鉱物の種類としては、角閃石、輝石、磁鉄鉱、長石など。
	爆発で粉砕された周囲の岩石の残骸	火山が爆発するときに、火口周辺の岩石を破壊することで発生する岩石の粉。

図2.9 火山灰を構成する3種類の粒子

ただし、火山ガラスの「ガラス」とは少し違います。ここでいう「ガラス」は、窓ガラスなどに使われる特定の物質のことではなく、もう少し広い意味で、窓ガラスのガラスと同じような性質をもった「結晶になっていない固体」を指します。つまり、火山ガラスとは、溶けた岩石であるマグマが空中で急冷した際、あまりにも速く固体になったために、結晶になれなかった粒子のことです。

火山が爆発するとき、地下のマグマは炭酸飲料のように激しく発泡し、爆発に伴ってそのしぶきが空中に飛び散ります。よく振ったコーラのボトルから、勢いよく泡が噴き出すあのイメージです。噴き出たコーラは細かくはじけながら、しぶきをまき散らしますね。火山の場合、しぶきのようなマグマが空中で冷えて固まるので、粉砕されたガラスのように、小さくて尖った火山ガラスができるのです。

なお、噴火の際には、しぶきではなく、もう少し大きなマグマのかたまりも発泡しながら空中に飛び散りますが、これらは火山ガラスではなく、噴石と呼ばれます。噴石には軽石とスコリアの2種類があり、火山ガラスよりもずっと大きくて重いので、噴煙として舞い上がらずに地上に落下します。

次に、火山灰に含まれる2つ目の粒子、「マグマ中で結晶化した鉱物」についてです。これは、火山が噴火する前からマグマ中ですでに形成されていた、小さな鉱物粒子のこと。鉱物名でいうと、角閃石や輝石、磁鉄鉱、長石などで、融点が比較的高いために、マグマの温度低下に伴って溶け切れなくなった成分といえます。

結晶ではない火山ガラスと違い、これらは結晶化した鉱物。ドロドロのマグマの中に、砂つぶサイズの鉱物粒子が混ざっているイメージです。これらの鉱物はマグマが発泡しながら噴き出すときに、液体部分と分かれて空中にまき散らされます。その際、非常に細かい粒子なので、噴煙がつくる上昇気流に乗って、火山ガラスなどと一緒に空高く舞い上がるわけです。

最後に3つ目の、「爆発で粉砕された周囲の岩石の残骸」について。これは、火山が爆発するときに火口周辺の岩石を破壊するために発生する、岩石の粉です。

火山が勢いよく爆発する理由は、発泡によって地下のマグマが膨張しているのに、マグマの出口が岩石に塞がれていて、なかなか外に出られないという状況が起こるからです。栓をしたままコーラを思いっきり振ったような状態。そのため、火山内部のマグマの圧力が上昇し、あるとき一気に出口を塞いでいた岩石が破壊され、爆発的な噴火が起こるのです。

ですから、爆発的な噴火ではもともとあった山が破壊され、岩石が砕かれるわけですね。そのときに発生した岩石の粉が、火山ガラス、マグマ中の鉱物粒子と一緒になって、火山灰として空に噴き上がるのです。

航空機の事故につながる理由

ここまで見てきたように、火山灰の内訳は、火山ガラス、マグマ中の鉱物、爆発で粉砕された岩石の粉、の3つでした。火山灰がざらざらした砂つぶであることが、内訳を見るとよくわかりますね。

さて、大規模な噴火が起きると、火山灰の影響で航空機が飛ばなくなることがあります。

2010年にアイスランドのエイヤフィヤトラヨークトル火山が噴火した際には、ヨーロッパの航空路線に遅延や欠航が相次ぎました。航空機が飛ばなくなるのは、火山灰によってジェットエンジンの停止という、重大事故が起きる可能性があるからです。

火山灰を構成する粒子のひとつ、火山ガラスは、結晶化した鉱物に比べて融点が低く、ジェットエンジンの燃焼温度では溶けてしまいます。そのため航空機が火山灰の中を飛ぶと、エンジンに入った火山ガラスが溶けて中で詰まり、最悪の場合にはエンジンを停止させてしまうのです。

実際、1982年には、マレーシアからオーストラリアへ向かっていたブリティッシュ・エアウェイズの航空機が、インドネシア上空で4つのエンジンがすべて停止するという事故に見舞われました。このとき噴火していたのは、インドネシアのガルングン火山。幸いにも不時着寸前のところでエンジンが回復し、死傷者は出なかったそうです。

エンジンの停止以外にも、火山灰の硬い粒子がコックピットの窓ガラスにぶつかることで、窓ガラスが曇りガラスのようになり、視界が失われる危険性もあります。

このような理由で、大規模な噴火が起きると航空機は飛ばなくなってしまうのです。

参考文献

◎内閣府大規模噴火時の広域降灰対策検討ワーキンググループ『大規模噴火時の広域降灰対策について――首都圏における降灰の影響と対策――～富士山噴火をモデルケースに～（報告）』（令和2年4月7日公表）
https://www.bousai.go.jp/kazan/kouikikouhaiworking/index.html

スズメは恐竜だけど、首長竜は恐竜ではない。意外と知らない恐竜の定義

首長竜は恐竜ではなく水生爬虫類

長い首と、ウミガメに似た4本のヒレ。巨大な体で海を泳ぐ首長竜の姿は、どこから見ても「恐竜」のイメージにぴったりです。アニメーション映画『ドラえもん　のび太の恐竜』に登場するフタバスズキリュウの「ピー助」も、そんな首長竜の仲間。

でも、生物の分類は私たちのイメージとは一致せず、首長竜は恐竜ではなく、じつは水生爬虫《はちゅう》類《るい》とされているのです。水の中に棲む爬虫類、という意味ですね。イルカに似た姿の魚竜も同じ仲間です。

それでは「恐竜」とは何でしょうか。分類学上の定義を簡単に意訳すると、「足が地面に向かってまっすぐ伸びている爬虫類」となります。有名なティラノサウルスの姿を思い浮かべてみましょう。2本の後ろ足は地面に対してまっすぐに、下に向かって伸びていますね。

また、頭に3本のツノが生えたトリケラトプスも、4本の足がそれぞれ地面に向かってまっすぐ伸びています。これが恐竜の特徴。つまり、爬虫類のなかでも、特に直立歩行できるものが恐竜とされているのです。

直立歩行しない爬虫類には、例えばワニがあります。ワニの足の付け根を見てみると、体から横向きに伸びていることがわかります。這《は》いまわるような歩き方になるのはそのためで、ワニも恐竜ではありません。

フタバスズキリュウなどの首長竜は、足がウミガメのようなヒレになっていて、やはり体から横向きに生えています。歩くための足ではありませんが、たとえ陸地に上がってヒレで歩くことがあったとしても、地面に向かってまっすぐ下に伸びていないので、恐竜には分類されないのです。

「スズメは恐竜」ってどういうこと？

さて、首長竜はじつは恐竜ではないというお話をしましたが、一方でスズメは恐竜とされています。スズメって、庭に飛んでくるあの小さな鳥です。

首長竜のように見るからに恐竜っぽいものが恐竜ではなく、スズメのようにまるで恐竜に見えない普通の鳥が、恐竜とされている。なんだかとても奇妙な感じがしますね。これも、生物の分類が私たちの直感的なイメージとずれているからなのです。

先ほど恐竜の定義の「意訳」を、「足が地面に向かってまっすぐ伸びている爬虫類」と紹介しました。しかし、これはあくまでも意訳であって、やや正確性に欠けるところがあります。もともとの定義によると、恐竜とは、「トリケラトプスと鳥類の最も近い祖先から生まれたすべて」。

この定義の意味を、少し丁寧に考えてみます。まず、トリケラトプスという恐竜と現生の鳥類とは、ある共通の祖先から分かれて進化していった生物分類上の親戚です。そして、そのなかに含まれる親戚を全部「恐竜」と呼びましょう、というのがもともとの定義の意味です（図2・10）。

トリケラトプスは進化した恐竜のなかで最も鳥類と遠い関係にある親戚なので、トリケラトプスと鳥類の間には、私たちが知っているあらゆる恐竜が含まれます。ティラノサウルスも、アロサウルスも、ブラキオサウルスも、ステゴサウルスも。これらの恐竜の足は地面に向かってまっすぐ伸びているため、前述のような意訳でも、恐竜の定義としてほぼ間違いはありません。

しかし、先ほどの意訳には重要なことがひとつだけ欠けています。それは、「鳥も恐竜である」ということ。生物進化におけるトリケラトプスから鳥類までのすべての親戚を「恐竜」と呼ぶのですから、鳥も恐竜になるわけです。

このことを踏まえると、先ほどの定義の意訳はこうなります。恐竜とは、「足が地面に向かってまっすぐ伸びている爬虫類＋鳥類」のこと。

現在の地球に生きる脊椎動物は、魚類、両生類、爬

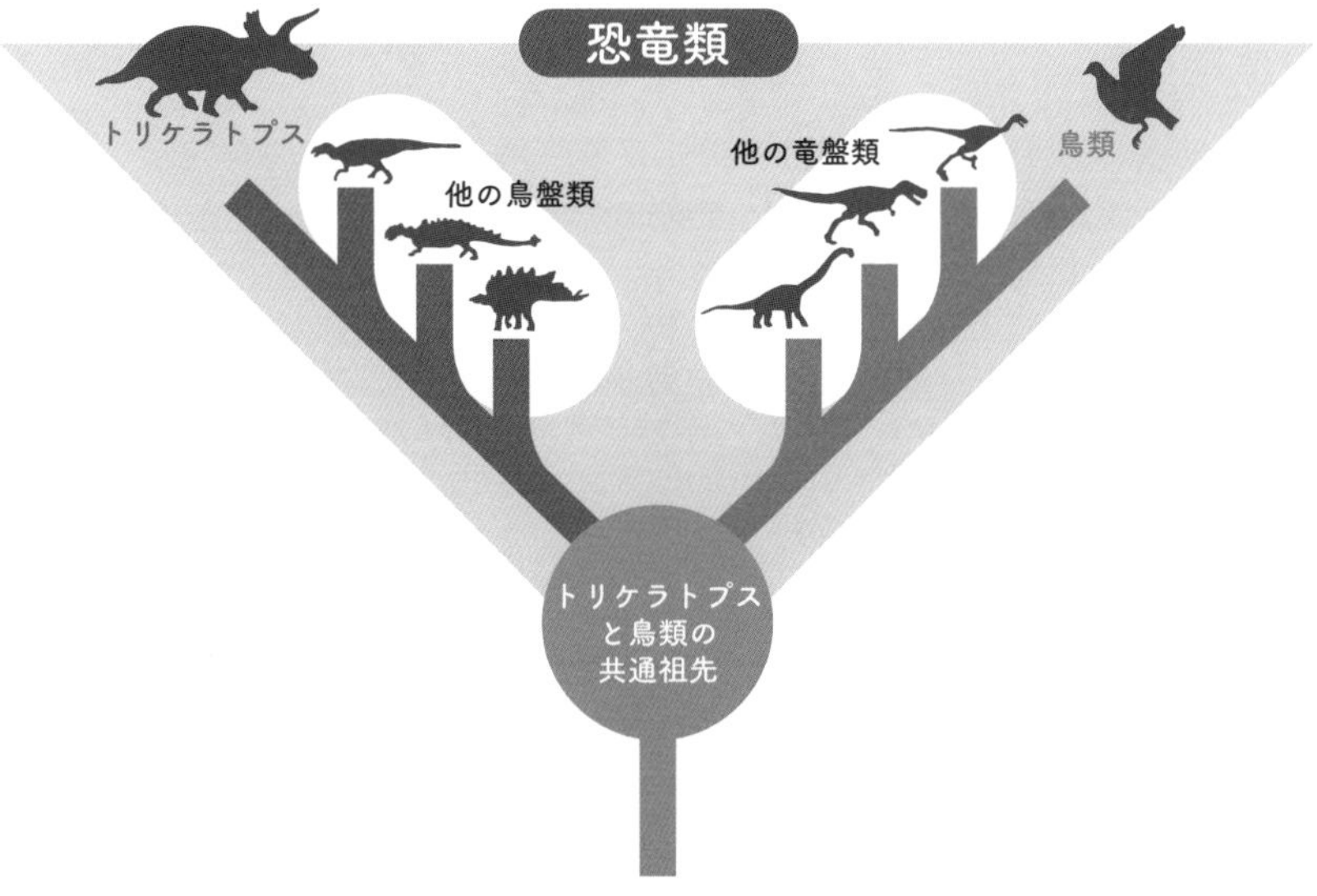

図2.10　恐竜の定義を示す簡略化した系統樹（小林快次・土屋健『そして恐竜は鳥になった』より作成）

虫類、鳥類、哺乳類の5つに分類されています。私たちのイメージでは、恐竜は爬虫類のなかの特定のグループですが、実際の生物分類では、爬虫類の一部と鳥類全部が「恐竜」なのです。したがって、恐竜は絶滅したわけではなく、鳥に姿を変えて大繁栄しているともいえるわけですね。

このような理由で、「スズメは恐竜」となるのです。

なぜ鳥類を「恐竜」に分類しなければならなかったのか

さて、ここでひとつ疑問が残ります。そもそもなぜ、鳥類を「恐竜」に分類しなければならなかったのでしょうか。首長竜が恐竜でないのは百歩譲るとして、恐竜の定義を「足が地面に向かってまっすぐ伸びている爬虫類」だけにしておけば、まだ私たちのイメージに近い生物分類になったはずです。鳥を恐竜に含めるから、余計にややこしくなる。

これには近年の恐竜研究の進展が関係しています。どういうことかというと、1996年に中国で羽毛をもった恐竜「シノサウロプテリクス」の化石が発見されて以降、次から次へと羽毛恐竜の化石が報告されるようになったのです。

羽毛というのは、それまでは鳥類に特有のものと考えられていました。それなのに、恐竜にもその特徴が備わっていたのです。

化石の発掘と研究が進むにつれ、全身を羽毛で覆われた恐竜、手や足に翼をもつ恐竜、さらには発達した翼で滑空する恐竜の化石まで見つかるようになりました。つまり、鳥に似た恐竜がたくさんいたことがわかってきたのです。

こうなるともう、どこまでが恐竜で、どこからが鳥なのか、はっきりとした区別がつきません。羽毛以外にも、歯の有無、卵の形状、子育て様式、指や肩の骨の形状など、分類学上のさまざまな特徴において、恐竜と鳥との間に線引きをするのが困難になりました。

こうして、かつての恐竜と鳥は同じ生物グループとなり、今ではともに「恐竜」の構成メンバーになっているのです。

なお、「恐竜」のなかで爬虫類と鳥類の境目とされているのは、始祖鳥です。爬虫類から鳥類への進化の中間型として注目を集めてきた、あの始祖鳥ですね。

始祖鳥には歯があり、翼の先に指と鋭い爪があり、尻尾には骨もあって、これらは現生の鳥類には見られない爬虫類の特徴です。この始祖鳥を含め、始祖鳥から進化して現生の鳥類により近くなったものを、鳥類と呼ぶことになっています。

恐竜のなかに鳥類が含まれることで、爬虫類と鳥類との境界が曖昧になってしまったわけですが、便宜上、このように始祖鳥を基準にして互いを区別しているというわけです。恐竜の研究によって現在の生物分類まで見直されることになるとは、古生物の研究の重要性がわかりますね。

参考文献

◎小林快次・土屋健『そして恐竜は鳥になった』（2013、誠文堂新光社）

原発の燃料と天然ウラン、同じウランでも同位体の割合が違う

原子力発電にはウランの核分裂が必要

原子力発電の燃料といえば、ウランですね。原子力発電所では、ウランの核分裂反応の熱によって水を沸騰させ、その蒸気でタービンを回し、発電しています。

核分裂反応とは、ウランなどの原子核が分裂して、2つ以上の元素になる反応のこと（図2・11）。ウランが発電の燃料に利用されるのは、核分裂反応を起こしやすい元素だからです。

しかしながら、核分裂反応は天然のウラン鉱石では起こりません。ウラン鉱石からも放射線は出ているので、なんとなく核分裂反応が起こっているように思えるかもしれませんが、放射線が出ることと核分裂とは異なります。「放射線が出る」のは、ウランなどの放射性元素から、ヘリウムの原子核（アルファ線）、電子（ベータ線）、あるいは電磁波（ガンマ線）が放出される現象であり、放射性崩壊と呼ばれています（図2・12）。

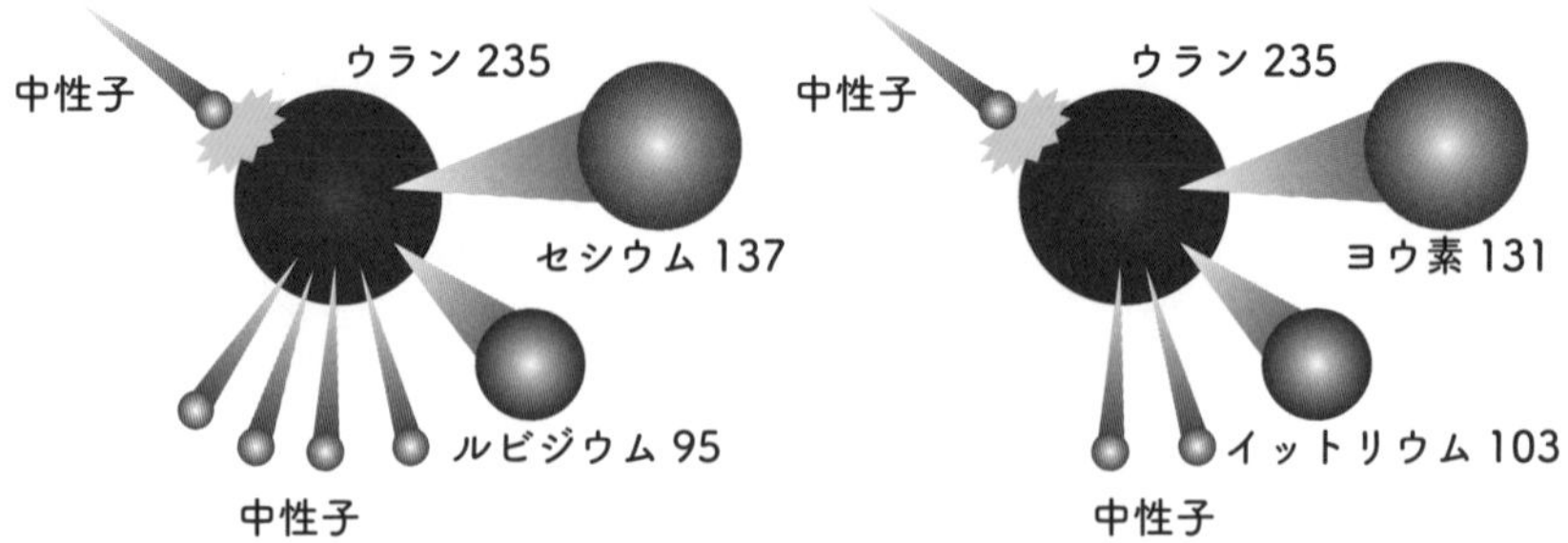

図2.11　核分裂反応の模式図（日本科学未来館ホームページより作成）。ウラン235に中性子がぶつかると、例えば、セシウム137とルビジウム95に分裂する。その際、中性子が4つ放出される。どの元素に分裂するかはさまざまで、別の場合にはヨウ素131とイットリウム103に分裂し、中性子が2つ放出される。

放射線を出しながら徐々に別の元素へと変化していくため、「崩壊」という言葉が使われています。

これに対し、核分裂反応というのは、例えば1個のウラン原子がセシウムとルビジウムに分裂したり、あるいはヨウ素とイットリウムに分裂したりする反応です。両者で大きく違うのは、反応によって生じる熱の量。放射性崩壊でも熱は出ますが、核分裂反応で生じる熱は桁違いに大きくなります。この熱を発電に利用しているわけですね。

天然ウランには「235」が足りない

天然のウラン鉱石は、放射線は出しているけれども、核分裂反応は起こっていない状態。そして、天然のウラン鉱石から精製したウラン（＝天然ウラン）をそのまま燃料にするだけでは、核分裂反応は起こらず、発電ができません。

なぜ天然ウランでは核分裂反応が起きないかというと、それは、ウランの同位体のひとつである「ウラン235」の割合が低すぎるからです。

同位体とは、同じ元素なのに重さの異なるもののことです。例えばウランの場合、同位体としてウラン238、ウラン235、ウラン234などが存在します。「238」とか「235」という数字は、原

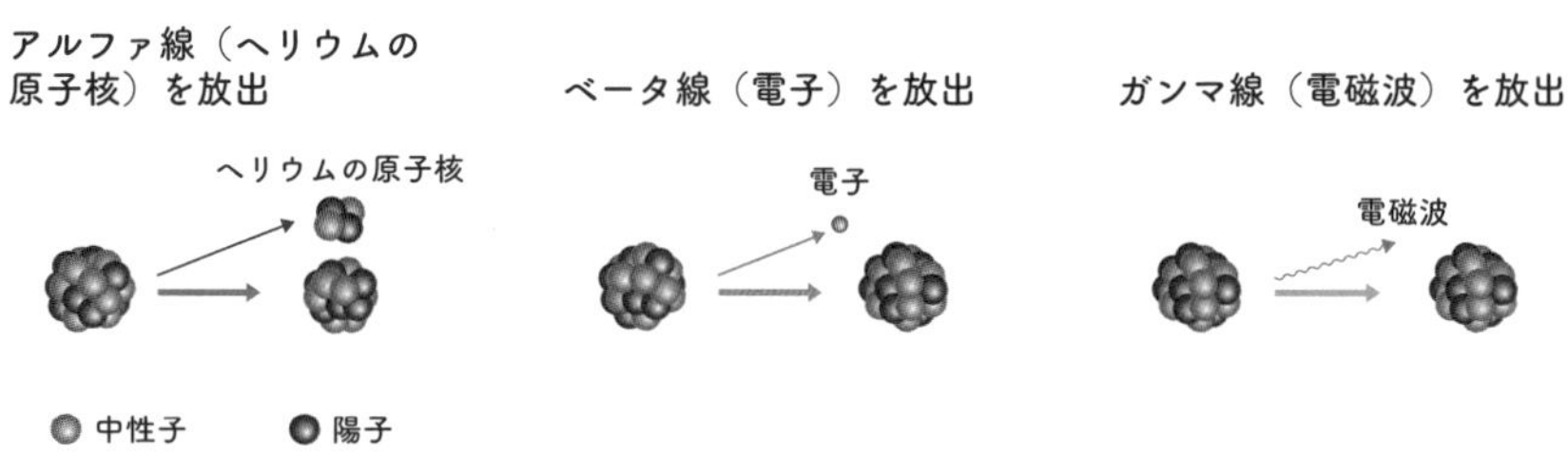

図2.12　放射性崩壊の模式図。放射性崩壊には3種類あり、放出する放射線の種類が異なる。アルファ線はヘリウムの原子核、ベータ線は電子、ガンマ線は電磁波。

子核の中にある陽子と中性子を足した数です。

ウランの陽子の数は92個で一定なので、「ウラン238」には中性子が146個、「ウラン235」には中性子が143個あることになります。この場合、中性子を多くもつウラン238のほうが、ウラン235よりも重くなり、同じウランなのに重さの異なる複数のウランが存在することになるわけですね。

さて、天然に存在するウランの同位体には極端な偏りがあって、約99・3%がウラン238です。残りの約0・7%がウラン235で、ウラン234はほんのわずか。

ところが、原子力発電の燃料には、量の少ないウラン235が必要なのです。理由は、ウラン235に核分裂反応を起こしやすい性質があるからで、エネルギーの低い（＝移動速度の遅い）中性子をウラン235にぶつけることで、高い確率で核分裂が起こります。ウラン238では、同じ方法を使っても核分裂反応は起こりません。

原子力発電に使われるウラン燃料にはウラン235が約4%も含まれていて、残りの約96%がウラン238。自然界の存在比（ウラン235が約0・7%）と比べると、ウラン235の割合がずっと高いことがわかりますね。

ウラン燃料というのは、ウラン235の割合を特別に高くしたウランのことで、「天然ウラン」に対して「濃縮ウラン」と呼ばれています。つまり、ウラン燃料をつくるには、その何倍もの量の天然ウランが必要であり、濃縮後に残る「ウラン235を含まないウラン」は、同じウランにもかかわらず、発電所にとってはただの廃棄物になってしまうのです。

なお、資源として採掘されるウラン鉱石にはいくつかの種類があって、それぞれ異なる鉱物でできています。代表的な鉱物名は次の通り。

- 閃ウラン鉱：ウランと酸素からなる鉱物。黒色の結晶で、やや金属光沢がある。閃ウラン鉱のうち、結晶の形をもたず、瀝青《れきせい》（ピッチ）のような油脂光沢があるものは、「瀝青ウラン鉱」と呼ばれている（鉱物名ではなく通称）。
- カルノー石《せき》：ウラン、バナジウム、カリウム、酸素からなる鉱物。黄色の細かい結晶で、砂岩の中にできることが多い。
- コフィン石《せき》：ウラン、ケイ素、酸素からなる鉱物。黒色の細かい結晶で、岩石の割れ目や隙間を埋めるようにできる。
- 燐灰《りんかい》ウラン石《せき》：ウラン、リン、カルシウム、酸素からなる鉱物。黄色〜黄緑色の板状の結晶で、紫外線ライトを当てると黄緑色の蛍光を発する。

このように、ウラン鉱石には複数の種類がありますが、ウラン235の割合に違いはなく、いずれも0・7％ほどです。

天然ウランが核分裂を起こしたレアケース

ここまでお話ししてきた通り、天然のウラン鉱石ではウラン235の割合が低すぎるため、核分裂反応は起こりません。ですが、それは現在の地球での話。

じつは約20億年前の地球で起こった天然の核分裂反応の記録が、アフリカ大陸中央部、ガボン共和国の地層に残されているのです。地名をとって「オクロの天然原子炉」と呼ばれるその場所では、ウラン235の核分裂によって生成する元素のひとつ、ネオジムの同位体組成（同位体の割合）に特殊な傾向があり、詳しい調査の結果、過去に核分裂反応が起こっていたことがわかりました。

20億年前の地球と現在の地球とでは、天然ウランにおけるウラン235の割合が異なります。その理由は、ウラン235の放射性崩壊の速度が、ウラン238のそれよりも6倍以上速いからです。

冒頭で少し触れましたが、放射性崩壊とは、放射線を出しながら少しずつ別の元素へと変化していく現象で、ウランの場合、トリウム、プロトアクチニウム、ラジウムなどを経て、最終的には鉛へと変化します。そのため、ウラン238もウラン235も長い時間をかけて少しずつ減っていくのですが、ウラン235のほうが減り方が速いため、現在の地球のように、天然ウランにおけるウラン235の割合はとても低くなってしまいました。

このことを踏まえるなら、大昔の地球では、ウラン235の割合がもっと高かったわけです。計算によると、オクロの天然原子炉が核分裂反応を起こした約20億年前の地球では、天然ウランにおけるウラン235の割合は3％ほどだったと見積もられています。

3％といえば、原子力発電用ウラン燃料におけるウラン235の割合（約4％）に近い高さ。ウラン235の割合が高かったために、天然のウラン鉱石でも核分裂反応が起こったわけですね。

ただし、オクロの天然原子炉は今のところ類例のないレアケース。ウラン鉱石を含む地層は世界のあちこちにありますが、オクロとその近隣の地域以外で核分裂反応の証拠が見つかったことはありません。

核分裂反応が起こるには、ウラン235の割合の他に、地層が地下水で満たされていなければならないなど、いくつかの条件が必要です。オクロの天然原子炉は、核分裂反応のための好条件が整った、とても珍しい場所だったといえます。

参考文献

◎A・P・メシク「20億年前の天然の原子炉」『日経サイエンス』2006年2月号

CHAPTER

3

美しいアレの正体

真珠は極薄サイズの結晶片が積み重なった宝石。その薄さ、光の波長並み

バイオミネラルがもつ微細な構造

銀白色の下地にうっすらと虹色の光沢をもつ真珠は、数ある宝石のなかでもちょっと特殊な存在です。ダイヤモンドやルビーが地下の岩盤の中でつくられる宝石であるのに対し、真珠は、生物の体の中でつくられる宝石だからです。

真珠をつくる生物は、アコヤガイ、シロチョウガイ、イケチョウガイなどの貝類で、いずれも貝殻の内側が真珠と同じ美しい色彩になっています。三重県志摩半島のアコヤガイを使った養殖真珠は、特に有名ですね。

真珠のように、生物の体内でつくられる鉱物的な物質は「バイオミネラル（生体鉱物）」と呼ばれており、真珠や貝殻のほかに、ウニの棘《とげ》や卵の殻、脊椎動物の骨や歯など、さまざまなものが知られています。多くのバイオミネラルに共通するのは、無機物質の結晶と、有機化合物であるタンパク質が複雑に絡み合っていること。また、その結果として、岩盤中の鉱物には見られないような特徴的な形態（外形・内部構造）をしています。

真珠もやはり、その内部構造に特徴があります。

真珠をつくっている無機物質は、鉱物の霰石《あられいし》と方解石に相当する2種類の炭酸カルシウム。この2つは、まったく同じ化学成分でありながら、結晶の形が違っていて、真珠の中心部分は方解石に相当する炭酸カルシウム（以下、「方解石」）が、表面部分は霰石に相当する炭酸カルシウム（以下、「霰石」）が占めています。真珠の美しい色彩をつくっているのは、表面にある「霰石」のほうです。

じつはこの「霰石」の部分、非常に薄い板状の結晶が、タンパク質を間に挟みながら何枚も積み重なった形状をしています。個々の結晶片は厚さ400〜800ナノメートルという極薄サイズで、平面方向の広がりは、厚さの10〜100倍ほど。断面を見ると、レンガを積み上げたような感じになっています。

1㎜＝100万ナノメートルなので、「霰石」の結晶がとても薄いことは何となく伝わるかと思うのですが、ここでもう一歩、その薄さに迫ってみましょう。

よく知られているように、光には波の性質がありますね。人の目が認識できる光の波長は、380ナノメートル（紫色の光）〜770ナノメートル（赤色の光）あたり。つまり、真珠をつくっている「霰石」の結晶の厚さは、光の波長とほぼ同じということです。

結晶の厚さが光の波長と同じだなんて、驚きです。このような極薄サイズの結晶でできていることが、真珠独特の美しい色彩を生む秘密です。

虹色の秘密は積み重なった半透明の結晶片

真珠をつくっている炭酸カルシウムの結晶、つまり「霰石」や「方解石」は、おおむね白っぽい半透明の無機物質です（無色透明のものもあります）。ここでは特に、真珠の表面を占めている「霰石」に注目しますが、「霰石」そのものは半透明の結晶なのに、真珠の表面は虹色の光沢をもっていますね。

真珠の表面の虹色は、「霰石」の色でも、周囲の有機物に沈着した色素の色でもありません。これは極薄サイズの「霰石」が積み重なることで生まれる「干《かん》渉色《しょうしょく》」というもので、いわば光のマジックです。

真珠の表面のように、薄くて半透明の結晶片が何枚も積み重なると、その断面は等間隔の縞模様になります。そのような構造に光が当たった場合、光はいろいろな深さで反射することになります（図3・1）。すなわち、一番上の面（1枚目の結晶片の表面）で反射する光、1枚目の結晶片は透過して1枚目と2枚目の境界で反射する光、2枚目の結晶片も透過して2枚目と3枚目の境界で反射する光、などなど。

真珠の表面を構成する「霰石」はレンガのように何枚も重なっているので、このような複雑な反射になるわけです。そして、このとき積み重なる結晶片の厚さが十分に薄く、光の波長くらいだと、いろいろな深さで反射した光同士が強め合ったり弱め合ったりする現象が起こります。これを「光の干渉」といいます。

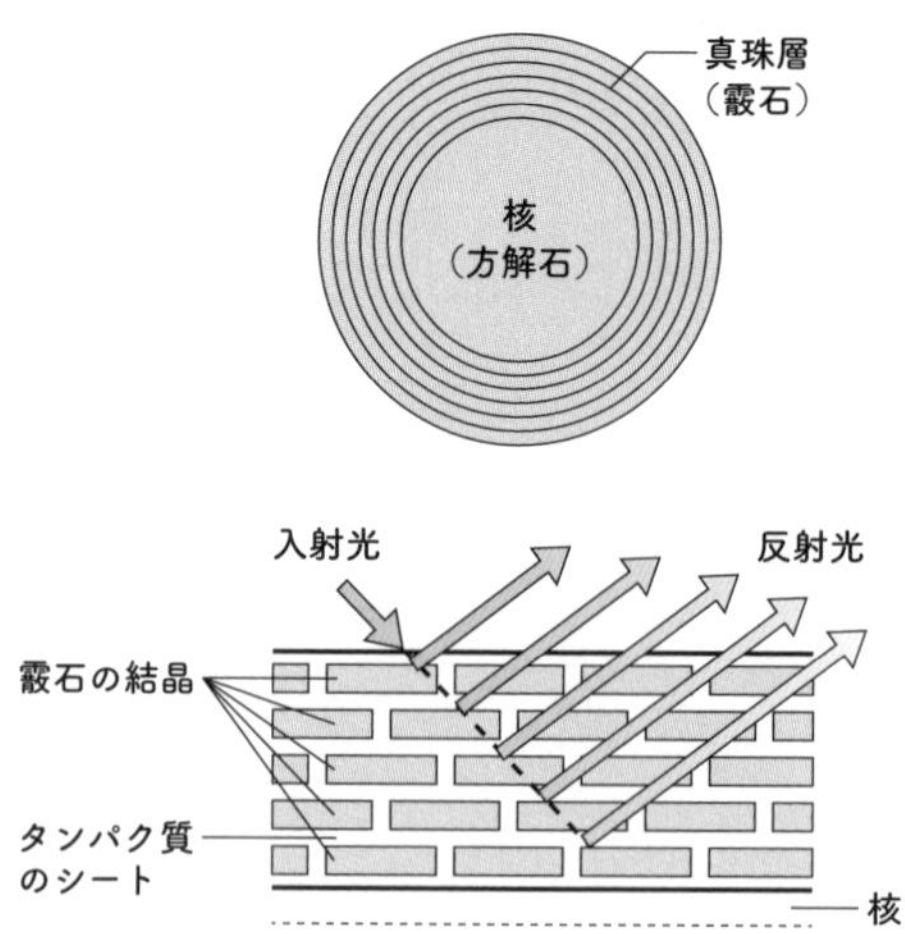

図3.1　真珠に光が当たったときの様子（株式会社パールハウス、sCenesホームページより作成）。養殖真珠では、核として球形に加工した貝殻を母貝の中に挿入する

日の光や蛍光灯の白い光は、虹の7色（赤、オレンジ、黄、緑、青、青紫、紫）が混ざったものなので、光の干渉が起こると、ある色は強められ、ある色は弱められるということが起こります。どの色が強められるか、あるいは弱められるかは、光の当たる角度や見る角度によって変わるので、結果的にさまざまな色が現れて虹色に見えることになります。

これが干渉色と呼ばれるもので、真珠の表面が虹色に見える基本的なしくみです。霰石そのもの（鉱物の霰石）は宝石にならないのに、アコヤガイによって極薄サイズの特別な姿に生まれ変わることで、宝石になるのですね。干渉色は真珠の表面以外でもいろいろなところで見られ、例えば、CDやシャボン玉の表面が虹色に見えるのも、干渉色の一種です。

「霰石」ができるのはアコヤガイの特殊能力のおかげ

ここまで見てきた通り、真珠の表面に美しい虹色の光沢があるのは、極薄サイズの「霰石」が何枚も積み重なっているからでした。鉱物の霰石（結晶サイズが大きい）だと虹色に見えないので、やはり特殊な内部構造が真珠独特の色彩を生んだといえるでしょう。

真珠の秘密はそれだけではありません。じつはアコヤガイの中で霰石に相当する炭酸カルシウムができること自体、とてもすごいことなのです。

どういうことかというと、2種類の炭酸カルシウムのうち、常温常圧（＝15～25℃、1気圧）では「方解石」のほうが安定であるため、基本的には「霰石」ではなく「方解石」がよくできるのです。また、たとえ「霰石」ができたとしても、時間の経過とともに「方解石」へと変化してしまいます。

にもかかわらず、真珠をつくるアコヤガイなどの貝の中では、「霰石」ができます。いえ、むしろアコヤガイたちは「霰石」と「方解石」を使い分けていて、真珠の中心部分には「方解石」をつくり、表面部分には「霰石」だけをつくっているのです。通常はできにくい結晶を極めて精度よくつくってしまうなんて、何という離れ業でしょうか。

アコヤガイとその仲間たちは、「霰石」の形成を促すようなタンパク質を真珠の表面部分にだけつくり、結晶の種類をコントロールしているのです。「方解石」の場合、たとえ似たような構造であっても虹色の光沢にはならないことがわかっているので、真珠が真珠であるためには、「霰石」であることが不可欠な要素。美しい真珠の色彩は、「霰石」をつくるタンパク質のおかげでもあるのですね。

参考文献

◎緒明佑哉・今井宏明『バイオミネラルにまなぶ材料化学』農業機械学会誌75、4-10（2013）
https://www.jstage.jst.go.jp/article/jsam/75/1/75_4/_pdf-char/ja
◎鈴木道生『アコヤガイの真珠および貝殻形成に関与する有機基質に関する研究』平成26年度（第13回）日本農学進歩賞受賞者講演会・講演要旨
http://www.nougaku.jp/award/2014/5.suzuki.pdf

てかてかツルツルの石材は、ダイヤモンドの粉で研磨してつくる

鏡のように磨き上げられた街なかの石材たち

谷川や海岸で見つけたきれいな石を、ツルツルに磨いた経験はありますか？「耐水ペーパー」という研磨用のシートを使って水で磨いていくのですが、目の粗いシートから始めて、徐々に目を細かくしていきます。４段階目か５段階目でようやく表面がツルツルになってきて、水が乾いた後も白っぽくならない状態になり、さらに続けるとツヤが出てきて、ある程度は光を反射するようになります。

ですが、これだけ苦労して磨いても、土産物屋で売っている、機械で研磨された天然石のほうが、ずっと滑らかできれい。手のひらに載るくらいの小さな石であっても、てかてかツルツルにするのはとても大変なのです。

さて、そんな石磨きの苦労を知っている人ならわかってもらえると思いますが、老舗デパートやオフィスビルに使われている石材は、信じられないほどの「てかてかツルツル」具合です。鏡のように美しく磨き上げられていて、近くで見ると石に顔が映ります。これだけ大きな石材を、しかも大量に、いったいどうやって磨き上げているのでしょうか。

巨大なカッターで切って、ダイヤモンドの粉で磨く

建築用に使われる大きな石材も、磨き上げる手順としては手磨きとさほど変わりません。何が違うかというと、巨大な機械を使って全自動で磨き上げることで、大量生産を可能にしています。ビルの壁や床に使われる石材は、まずは大きな石の板として加工されます。日本に輸入される石材の多くは、横幅が3m、高さと奥行きがそれぞれ2m程度の巨大なブロック。それらを石材加工工場で水をかけながらスライスしていきます。スライスには巨大な回転歯のカッターや「マルチワイヤーソー」と呼ばれる糸鋸《いとのこ》が使われています。鉄製の回転歯の先端、あるいはワイヤーの表面にはダイヤモンドの粉が塗り固められていて、この粉で削りながら切断していくしくみです。

こうしてスライスされた石の厚さは、薄いもので2㎝、厚いもので9㎝ほど。ちょうどダイニングテーブルの天板を大きくしたような石ができあがります。

次に表面を研磨していきます。研磨は高速回転する円盤で行ないます。床磨きで使われるポリッシャーのようなものを、石材の表面に押しつけて磨いていくわけですね。回転盤には研磨材としてやはりダイヤモンドの粉が塗り固められていて、円形の砥石《といし》になっています。スライスのときも水を使いましたが、研磨でも水は必須。

工場での研磨も、手磨きと同じように、目の粗い研磨材（ダイヤモンドの粉）から始めて、徐々に目の細かい研磨材へと変えていきます。最初のほうの研磨では、直径0・1㎜ほどの研磨材がついた回転盤を使いますが、最終的な仕上げ段階では、研磨材の直径は0・005㎜くらい。石材の種類によっては、さらに羊毛のフェルトなどでできた柔らかい素材の回転盤（バフ）を押し当て、摩

擦熱によってツヤ出しを行なうこともあります。

そして、工場ではこれらの工程をすべて自動化。スライスした石の板はベルトコンベヤーに載せられ、研磨用の回転盤が何個もついた特大の研磨機が水と一緒に上から押し当てられ、研磨機が左右に動くなかを石の板が移動していきます。なんだか車の洗車みたいですね。特大の研磨機は、目の粗いものから目の細かいものまで、ベルトコンベヤー上に順番に配置されています。

こうしてできあがった「てかてかツルツル」の石の板は、用途に合わせて適当な大きさにカットされ、出荷されていきます。

なぜダイヤモンドの粉なのか

先述の通り、石材の研磨にはダイヤモンドの粉が使われています（図3・2）。これは、ダイヤモンドが最も高い硬度をもつ物質だから。岩石は非常に硬いので、それを削ったり磨いたりするには、岩石以上に硬い研磨材が必要になるわけですね。

ダイヤモンドがどれほど硬いかというと、「モース硬度」と呼ばれる、鉱物や工業材料の硬さの尺度において、最高ランクの「硬度10」をもつ、世界で唯一の物質です。モース硬度は1812年にドイツの鉱物学者フリードリッヒ・モースによって開発された尺度で、1〜10までの10段階で、その物質への傷のつきやすさを表します（図3・3）。ダイヤモンドは、他の何もの

図3.2　ダイヤモンドの粉（写真：Shutterstock）

によっても傷をつけられない、最高に硬い物質なのです。

モース硬度でダイヤモンドに次ぐ「硬度9」をもつのは、ルビーやサファイア。これらの宝石も十分に硬そうに思えますが、じつはモース硬度の数値の増加は、実際的な硬さの増加とはあまり一致しておらず、「硬度9」と「硬度10」の間には大きな開きがあります。両者を比較すると、4倍くらいダイヤモンドのほうが硬いのです。

「硬度8」から「硬度9」に上がっても、硬さは1.4倍程度しか増えないので、ダイヤモンドだけが、ずば抜けて高い硬度をもっているといえます。石材を鏡のように美しく磨き上げるには、圧倒的に硬いダイヤモンドの粉が最適なのですね。

なお、手磨きのときに使う耐水ペーパーには、研磨材としてシリコンカーバイド（炭化ケイ素）が使われています。シリコンカーバイドも非常に硬い研磨材で、ダイヤモンドには劣るものの、その硬さは「モース硬度9」のルビーやサファイアを上回ります。

モース硬度	鉱物名または宝石名
10	ダイヤモンド
9	ルビー、サファイア
8	トパーズ
7	水晶（石英）、ペリドット
6	オパール、正長石
5	燐灰石
4	蛍石
3	方解石
2	石膏
1	滑石

図3.3　代表的な鉱物・宝石のモース硬度

世界で最も硬いダイヤモンドは、何を使って研磨しているの？

鉄は鉄によって研がれる

世界で最も硬い物質であるダイヤモンドは、他の何ものによっても傷をつけることができません。この硬さゆえに、石材の研磨などでダイヤモンドは重宝されています。

それでは、ダイヤモンドを削るにはどうすればいいのでしょうか。

宝石のダイヤモンドは美しくカットされ、それぞれのカット面は完璧に磨き上げられています。ですので、最高の硬度をもつダイヤモンドも、何かを使って削らなくてはいけないわけです。

しかし、「モース硬度10」を誇るダイヤモンドの硬さは圧倒的で、ダイヤモンドよりも硬い物質は存在しません。いったいどうしたものでしょうか。

じつは、ダイヤモンドの研磨には、同じくダイヤモンドの粉が使われます。何かを削りたいとき、それよりも硬い研磨材を使えば効率よく削れますが、必ずしもそうである必要はありません。削りたいものと同等の硬さの研磨材でも、ちゃんと削ることができるのです。

聖書の格言に、「鉄は鉄によって研がれ、人はその友によって研がれる」（新日本聖書刊行会『聖書新改訳２０１７』）というものがありますが、最高に硬いものを削るには、そのもの同士で削り合うしかないということです。鉄よりももっと硬いダイヤモンドであれば、なおのこと、「ダイヤモンドはダイヤモンドによって研がれる」しかないわけですね。

原石のカットはレーザーで

さて、ダイヤモンドはそれ自体が美しいものですが、宝石としての価値を最大限に引き出すには、カットの仕方が重要になってきます。

ダイヤモンドの加工職人は、美しい原石を選別したら、研磨の前にカットの方法をあれこれ考えます。現代では3Dスキャナを使って原石の立体画像をコンピューターに取り込み、最も大きく、かつ美しい宝石をつくり出すカット方法を決めていきます。原石の形はさまざまなので、ひとつの原石から2個以上の宝石を切り出すこともしばしば。

ここで必要になってくるのが、ダイヤモンドを「切る」という工程です。

もちろん原石を徐々に削っていくという加工方法もありますが、とても時間がかかりますし、コンピューターで計算した通りの面にするのは、とても困難な作業。そして、計算上は2個以上の宝石が取れる原石であっても、削りながら加工すると1個しか取れず、残りの部分はすべて「削りカス」になってしまいます。だから、なんとかしてダイヤモンドを切りたい。

そこで用いられるのが、レーザー加工という方法です。レーザーとは、特定の色の光や赤外線を増幅してつくる強力な光のことで、一直線にまっすぐ照射できるという特性があります。レーザーの種類にはいろいろありますが、レーザーとそれを当てる物質との組み合わせによって、反射したり、透過したり、局部的に熱が上がったりします。

ダイヤモンドの加工に使われるのは、「YAG《ヤグ》レーザー」と呼ばれる、赤外線を増幅したレーザーで、ダイヤモンドに当てるとピンポイントでその部分だけが加熱されます。ダイヤモンドは炭素でできているので、じつは強烈に加熱されると空気中の酸素と反応し、二酸化炭素になってどこかに飛んでいきます。この反応を利用すれば、YAGレーザーを当てた部分だけを細い線状に気化させることができ、ダイヤモンドを切断できるのです。

なお、「YAG」はイットリウム・アルミニウム・ガーネット（Yttrium Aluminum Garnet）の略で、赤色の宝石ガーネットと同じ結晶構造をもつ、イットリウムとアルミニウムと酸素でできた人工結晶です。

ダイヤモンドの輝きが特別な理由

このように、宝石としてのダイヤモンドの美しさは、レーザー加工による計算されたカットと、ダイヤモンドの粉を使った職人技の研磨によって生み出されています。ここでちょっと逆説的に考えてみたいのですが、他の石でも同じようにカットと研磨をすれば、ダイヤモンドのように美しくなるのでしょうか。

当然ながら、そんなことはありませんよね。誰もがダイヤモンドは特別だと知っています。

でも、ダイヤモンドって、基本的には無色透明です。水晶やガラスと色は変わらない。それなのに、カットして研磨すると、きらめくばかりの輝きを放ちます。水晶をダイヤモンドと同じブリリアント・カットにしても、あの輝きは得られません。

ダイヤモンドがきらめくのは、水晶よりも光を強く反射し、なおかつ、中を通った光が虹の7色にしっかりと分かれるからです。

まず反射について。水晶のように透明で表面が滑らかな物体に光が当たったとき、光の一部は反射し、一部は物体の中を透過します。光が最もよく透過するのは、物体の表面に対して垂直に光が当たったとき。このとき、水晶の場合はほとんどの光が透過してしまい、反射するのは5％程度です。ガラスの場合も4％ほど。

これに対してダイヤモンドの場合、光が垂直に当たるという条件であっても、約17％の光が表面で反射します。だから、ダイヤモンドは照り返しが違う。光が当たったときに、キラッと強く輝くのはこのためです。

そして反射に関してもうひとつ、大事なことがあります。じつはダイヤモンドの場合、表面で反射しなかった光も、その多くは後ろに通り抜けてしまうことなく、内部で反射して再び表面から放出されるのです(図3・4)。

どういうことかというと、表面で反射せずにダイヤモンドの中に入った光は、今度は反対の面から空気中に出ようとするわけですが、その境界面ではよほど垂直に近い角度で外に出ない限り、当たった光のほぼ100％が反射して、内側へ戻されてしまうのです。これは「全反射」と呼ばれる現象で、ダイヤモンドから空気中へ出ようとする光が、境界面で大きく曲げられることで起こります。

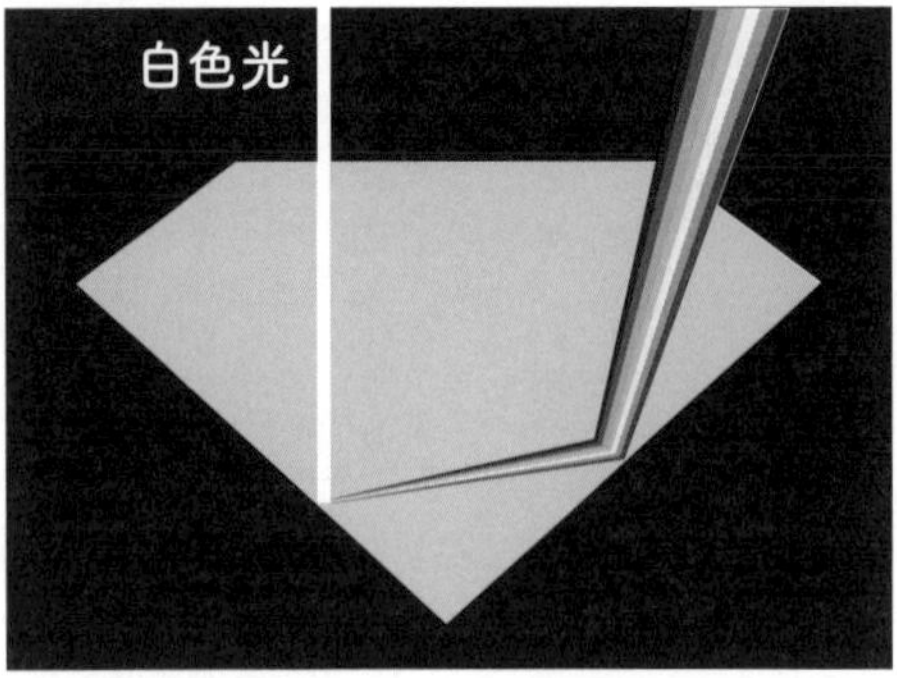

図3.4　ダイヤモンド内部での光の反射の様子

ダイヤモンドは他の物質に比べてその曲がり方が激しい（＝屈折率が大きい）ので、垂直に対して約24度以上傾いた光は、全反射してダイヤモンドの中に閉じ込められてしまいます。そして、ダイヤモンドの中で起こる2回目の全反射によって、上面から放出されます。

表面で反射しなかった光まで、内部で反射させて「打ち返す」なんて、ダイヤモンドは驚きの反射特性をもっていますね。水晶の場合はこの角度が40度ほどなので、なかなか全反射が起こらず、中に入った光はそのまま後ろに通り抜けてしまいます。

このような反射特性によって、ダイヤモンドは強い輝きを放つことができるのです。

次に、ダイヤモンドがきらめく理由の2つ目、「中を通った光が虹の7色にしっかりと分かれる」についてです。これはダイヤモンドの放つ光が虹色に見えることと関係しています。

ダイヤモンドが放つ光は、ただ強いだけではありません。傾けたり回したりして見ると、キラキラと虹色の光を振りまきます。この虹色の光は、先ほど説明した「ダイヤモンドの中で全反射した光」によるものです。

全反射では当たった光がすべて反射するわけですが、光の成分は虹の7色からなっているため、光の色ごとに反射した後の経路が少しずつ異なってきます。つまり、全反射をするたびに、ダイヤモンドの中に入った光は7色の光に分かれていくのです。

ダイヤモンドは内部での全反射が起こりやすいうえに、色ごとの光の分かれ方も他の物質に比べてはっきりしています。そのため、ダイヤモンドから放たれる光は虹色に輝いて見えるのです。

光を強く反射させる性能と、光をはっきりと分ける性能。この2つの性能が、ダイヤモンドの輝きを特別なものにしているのです。

沖縄の「星の砂」はサンゴ礁に住むアメーバの殻

星の砂の正体

沖縄みやげの「星の砂」は、5~6本の突起が生えた、直径2㎜ほどの砂つぶです。色は白っぽいベージュから淡いオレンジで、その形の美しさから観光客にとても人気があります。星の砂が採れる砂浜は、八重山諸島の竹富島《たけとみじま》や西表島《いりおもてじま》が有名ですが、程度の差こそあれ、沖縄県のどの島でも見つけることができます。

そんな美しい形の星の砂。じつは「砂」といっても、岩石が細かく砕かれた砂つぶではなく、有孔虫と呼ばれる微生物の殻でできています。殻の成分は炭酸カルシウムであり、サンゴの骨格や貝殻、あるいは石灰岩と同じ成分です。

この有孔虫、どんな微生物かというと、いわゆるアメーバです。決まった形をもたず、体の一部を伸ばしたり縮めたりしながら移動していく、あの生き物ですね。生物分類上は「原生動物」というグループに入り、単細胞の真核生物です。

「星の砂」の砂浜は長い年月をかけてつくられたものですが、かといって太古の微生物の化石が集積しているわけではありません。これらのアメーバは現在の沖縄の海にしっかりと生息しています。つまり、現在進行形で星の砂はつくられているのです。

星の砂をつくる2種類のアメーバ

私たちがイメージする典型的なアメーバには殻がありませんが、アメーバの仲間はバラエティに富んでおり、そのなかには二酸化ケイ素や炭酸カルシウムでできた殻をもっているものもいます。星の砂をつくるのはそんな「殻もちアメーバ」のうちの2種類で、先述の通り、いずれも殻の成分は炭酸カルシウムです（図3・5）。

ひとつ目は、その名も「ホシズナ」と呼ばれるアメーバ。突起の先端が細く尖っている殻をもち、まさに星形です。どちらかというと平べったく、ヒトデをすごく小さくしたような形をしています。「ホシズナ」という名前は和名で、ラテン語の学名は「バキュロジプシナ」といいます。

2つ目は、「タイヨウノスナ」と呼ばれるアメーバ。漢字をあてると「太陽の砂」で、突起の先端が丸くなっているのが特徴です。ホシズナの殻に比べると、真ん中の部分がプクッと膨らんでいて、突起が6本のものは、森永製菓のスナック菓子「おっとっと」のカメに見えます。

あと、しばしば突起の数がホシズナよりも多く、7〜8本あ

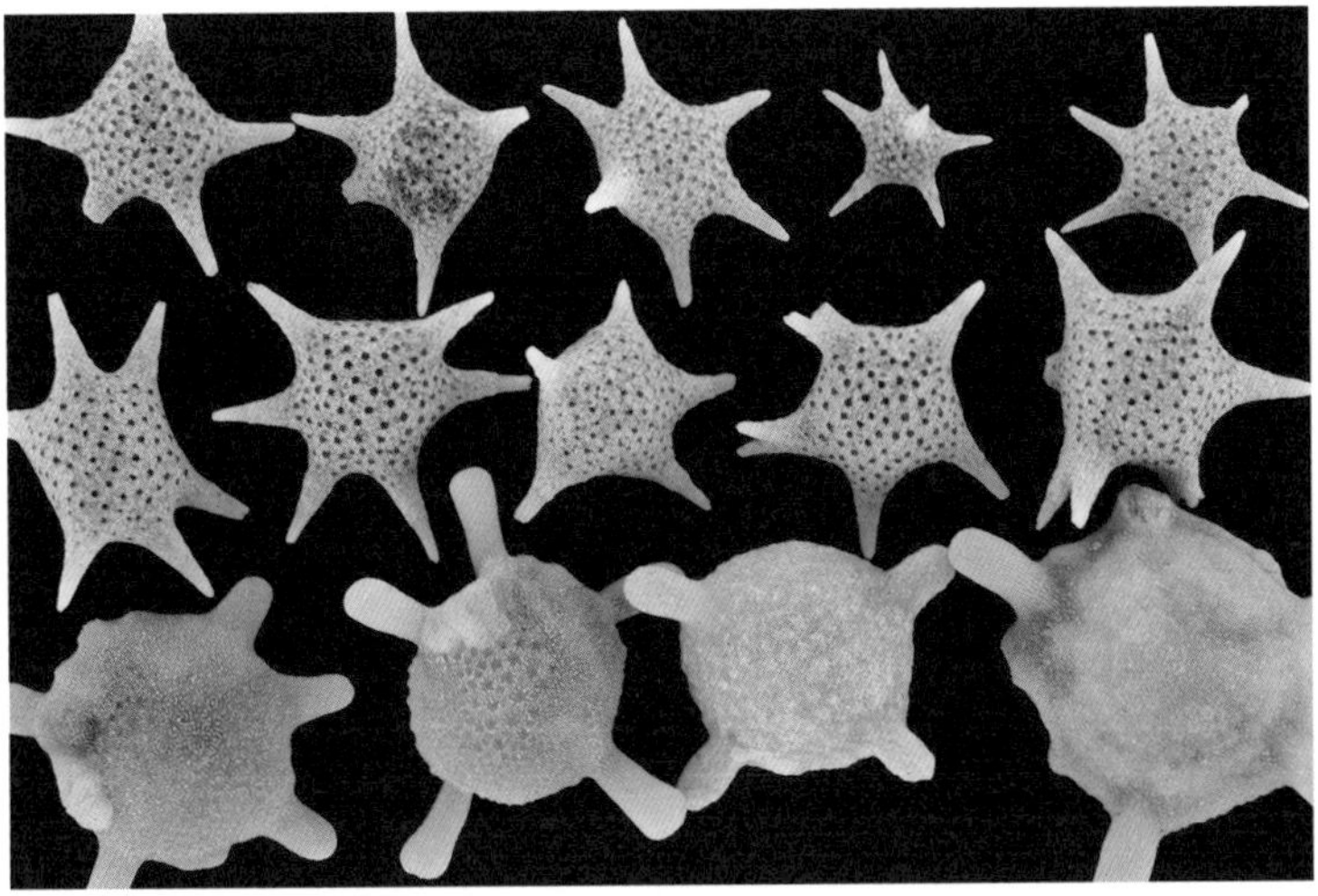

図3.5　ホシズナの殻（上2段）とタイヨウノスナの殻（下段）（写真：アフロ）

ることも珍しくありません。「タイヨウノスナ」も和名で、ラテン語の学名は「カルカリナ」です。

ホシズナもタイヨウノスナも、沖縄など西太平洋のサンゴ礁からなる浅い海に住んでいて、海の底の海藻や瓦礫《がれき》にくっついて生活しています。海の底といっても水深は5mより浅く、波当たりが強かったり、潮が引けば海面から外に出てしまったりと、アメーバたちにとってはかなり過酷な環境。彼らは星形の殻の突起部分から体の一部を外に出し、それを使って海藻などにしっかりとつかまり、変化の激しい海の中で体を支えているのです。

これらのアメーバが死ぬと、その殻は海の底に集積しますが、やがて波によって海岸に打ち上げられます。こうして大量に打ち上げられたアメーバの殻が、サンゴのかけらなどと一緒に沖縄の砂浜を形成していったのです。

また、沖縄の島々には「琉球石灰岩」と呼ばれる石灰岩が広く分布しています。これらは、かつてのサンゴ礁が石灰岩になって海面に姿を現したもの。首里城の石垣など、沖縄の建築材料としてよく見られる白っぽい色の石灰岩です。

アメーバが死ぬことで海の底に沈んでいった炭酸カルシウムの「星の砂」は、サンゴ礁の小さな隙間を埋める働きもします。いわば、サンゴ礁の穴埋め役ですね。なので、サンゴ礁に起源をもつ琉球石灰岩にとっては、「星の砂」は石灰岩を緻密にしてくれる大切な助っ人といえるのです。

沖縄の砂浜だけではなく、石灰岩の形成にも、アメーバの殻は関わっていたのですね。

なお、ホシズナやタイヨウノスナの地理的な分布は、西太平洋の温かい海に限られ、中央太平洋の島々やハワイ諸島、あるいは小笠原諸島では見ることができません。

ドーバー海峡のチョークの崖も起源は同じ

星の砂が琉球石灰岩の形成にも関わっていたということで、もうひとつ、石灰岩にまつわる話です。

イギリス・グレートブリテン島の南東側、対岸にフランスを望むドーバー海峡には、チョークでできた真っ白い崖があります（図3・6）。チョークというのは、学校の黒板で使われているあの「チョーク」のことで、壁に字が書けるほど柔らかい石灰岩。

ドーバー海峡に面したチョークの崖は「ドーバーの白い崖《ホワイト・クリフ》」と呼ばれ、その他にも、グレートブリテン島の南海岸に「セブン・シスターズ」という有名なチョークの崖があります。いずれも海の波に削られてできた海食崖《かいしょくがい》で、高いところでは100mを超える断崖絶壁になっています。

崖の高さが100m以上ということで、かなり巨大な地層であることがわかりますね。その分布も、イギリスからフランス（北西ヨーロッパ）にかけての広大な範囲に及びます。

この石灰岩の形成にも、じつはホシズナやタイヨウノスナの仲間であるアメーバが深く関わっています。チョークの石

図3.6　ドーバー海峡に面したチョークの崖（写真：Shutterstock）

灰岩をつくっているのは、おもに有孔虫の殻と、円石藻《えんせきそう》の殻。

有孔虫というのは、炭酸カルシウムの殻をもつアメーバでしたね。単細胞の真核生物で、原生動物に分類される生き物。

もうひとつの円石藻というのは、炭酸カルシウムの殻をもつ植物プランクトンです。アメーバと同じく単細胞の真核生物ですが、こちらは光合成をする「植物」であり、原生動物とはまったく別のグループの生き物。有孔虫よりもさらに小さい微生物です。

チョークの大部分はこういった微生物の殻でできていて、その他にアンモナイトの殻や貝殻が混じったり、二酸化ケイ素でできたチャートという岩石が混じったりしています。

ただし、チョークの有孔虫と星の砂の有孔虫は、同じ有孔虫とはいえ、種類が少し異なります。星の砂の有孔虫は海の底にくっついて生活するタイプでしたが、チョークの有孔虫は、海の中を浮遊して生活するタイプのもの。つまり、プランクトン（浮遊生物）です。円石藻が植物プランクトンなのに対し、浮遊する有孔虫は動物プランクトンです。

そしてもうひとつ、大きな違いとして、チョークの有孔虫は「化石」です。チョークは今から1億年ほど前の海でできた古い地層であり、星の砂のように現在進行形でつくられているものではありません。

チョークの日本語訳は「白亜」。チョークの地層に代表される時代が中生代白亜紀で、その形成に関わったのが大昔のアメーバたちだったわけです。

琉球石灰岩の形成に関わった星の砂のアメーバたちと、チョークの形成に関わった白亜紀のアメーバたち。石灰岩というキーワードに着目することで、アメーバのような小さな生き物が、意外にも地球の地形に大きな影響を与えていることがわかってきます。

参考文献

◎藤田和彦『星砂の生物学』みどりいし12、26-29（2001）
http://www.amsl.or.jp/midoriishi/1208.pdf

岩を食べる植物たち。土がなくても元気なのは、根から生える菌のおかげ

花崗岩とマツの木が織りなす美しい景観

身近な岩石のひとつに、白くて硬い花崗岩があります。急峻な渓谷や海岸に露出している花崗岩の巨石を見ると、しばしば岩から直接マツの木が生えているのですが、そういう風景を見たことがあるでしょうか（図3・7）。

白い花崗岩にマツの木の鮮やかな緑が映えて、とても美しい景観をつくっています。色彩のコントラストだけでなく、マツの木のうねり具合とか、ゴツゴツした岩の質感など、そのフォルムも魅力的ですね。

「マツの木が生えた花崗岩なんて見たことない」という人は、日本三景のひとつ、宮城県の松島を思い浮かべてください。海に浮かぶ小島は波に洗われて白い岩肌を見せ、その上に緑のマツの木が並んでいます。ここの岩石は凝灰岩（火山灰が固まった岩石）なので、花崗岩とは異なるのですが、イメージは同じです。いわゆる「白砂青松《はくしゃせいしょう》」の日本

図3.7　花崗岩に生えるマツの木。鳥取県岩美町浦富海岸（写真：Katsuaki Watanabe）

の風景。

花崗岩とマツの木の組み合わせが見られる場所としては、木曽川の上流（長野県上松町《あげまつまち》）や山陰海岸ジオパークの浦富海岸《うらどめかいがん》（鳥取県岩美町《いわみちょう》）などがあります。

木の根から生える菌糸が養分の吸収をサポート

さて、そんな魅力的な日本の風景ですが、よくよく考えてみると、岩から直接マツの木が生えているなんて、とても不思議です。植物が生えるには、何といっても土が必要なはず。それなのに、マツの木は岩の割れ目から生えているので、土らしきものはほとんどありません。養分を、いったいどこから吸収しているのでしょうか。

その謎を解く鍵は、どうやらマツの根から生える菌類にあると考えられています。「菌類」とはカビのことで、字は同じでも、バクテリア（細菌類）の菌ではありません。わかりやすくいえば、菌糸を伸ばす生き物たち。

マツに限らず、陸上の植物の約90％が根に菌類をもっていて、この菌類が細く長い菌糸を伸ばすことで、植物の養分の吸収を助けているのです。植物の根にすみ着いた菌類は、植物の根が伸びる範囲よりも遥かに広い範囲に菌糸を伸ばします。そして、植物の根が届かないところからリンや窒素などの養分を吸収し、植物に与え、その代わりに菌類は、植物が光合成で得た糖類を受け取ります。また、菌類は養分だけでなく、水分の吸収も助けています。

このような「持ちつ持たれつ」の関係を共生といい、菌類と共生している植物の根を「菌根《きんこん》」、菌根をつくる菌類のことを「菌根菌《きんこんきん》」と呼んでいます。

岩から直接生えるマツの木も、根っこにすんでいる菌根菌から養分をもらっていると考えられます（図3・8）。マツの根は比較的大きな岩の割れ目にしか入り込めませんが、目に見えないほど細い菌糸が小さな割れ目に沿って広がり、岩の隅々から、あるいはちょっとした岩の窪みに溜まった土壌から、養分を吸収してくれているのでしょう。

植物と菌根菌の共生が始まった時期は約4億年前と考えられており、陸上の乾燥した環境で植物が繁栄するために、進化のかなり初期から菌類の助けを得ていたようです。水分が少ない、養分が乏しいなど、植物にとって過酷な環境であるほど、菌類の果たす役割は大きいといえます。

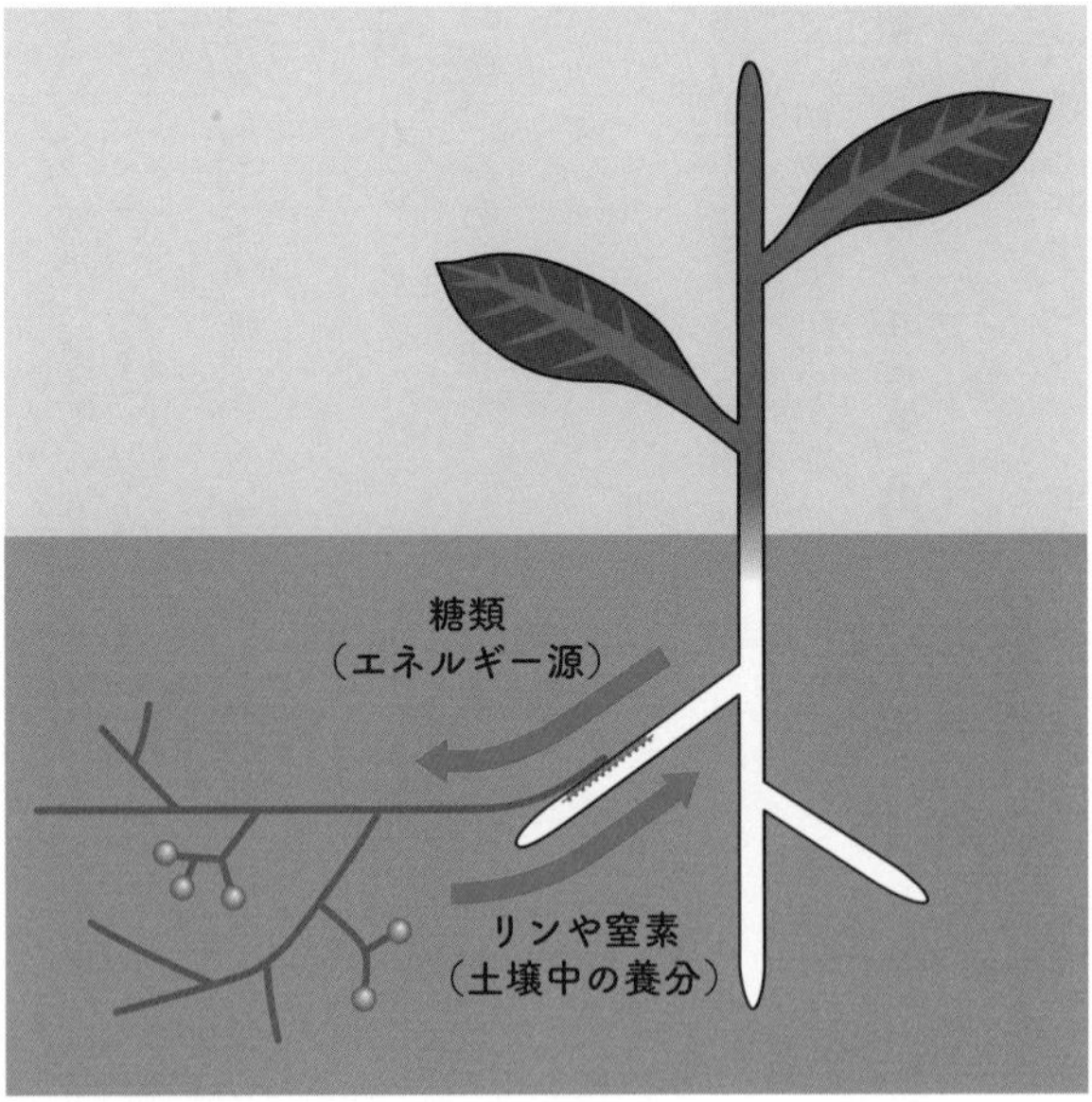

図3.8　植物と共生する菌根菌。菌根菌は、長く伸ばした菌糸（茶色）からリンや窒素など土壌中の養分を吸収し、植物に与え、植物は光合成で得た糖類（エネルギー源）を菌根菌に与えている（基礎生物学研究所ホームページより作成）

菌糸は岩を食べている

伸ばした菌糸によって、遠くから養分を取ってきてくれる菌根菌。花崗岩に生えているマツの木もそのおかげで元気に成長できていると思われます。そんな菌根菌の役割について、さらに面白い研究が進められています。

それは、「菌根菌は岩石を溶かすこともあり、過酷な環境ではもっと直接的に岩石から養分を吸収しているかもしれない」という内容の研究。「岩を食べる菌（Rock-eating fungi）」という刺激的なタイトルで１９９７年に論文が発表され、その後も詳細な研究が続けられている分野です。

これまでの研究報告によると、菌根菌は酸を分泌することで鉱物粒子を溶かし、そこから鉄やリンを吸収している可能性が高いということです。顕微鏡で鉱物粒子を見ると、実際に虫が食ったような細長い穴や溝ができており、それらの中には菌糸が入り込んでいて、まさに「岩を食べる菌」という表現がピッタリの状況。

菌根菌の働きについてはまだまだ謎が多いのですが、花崗岩に生えているマツの木も、もしかしたら岩を食べて成長しているのかもしれませんね。

参考文献

◎ A. G. Jongmans, N. van Breemen, U. Lundström, P. A. W. van Hees, R. D. Finlay, M. Srinivasan, T. Unestam, R. Giesler, P.-A. Melkerud & M. Olsson 『Rock-eating fungi』 Nature 389, 682-683 (1997). https://www.nature.com/articles/39493

◎ L. van Schöll, T. W. Kuyper, M. Smits, R. Landeweert, E. Hoffland, N. van Breemen 『Rock-eating mycorrhizas: Their role in plant nutrition and biogeochemical cycles』 Plant and Soil 303, 35-47 (2008). https://www.researchgate.net/publication/225544543_Rock-eating_mycorrhizas_Their_role_in_plant_nutrition_and_biogeochemical_cycles

CHAPTER

4

粘土の用途は多彩

粘土あっての陶磁器、陶磁器あっての日本文化。粘土は貴重な天然資源

陶磁器の原料としての粘土

キメの細かい泥のようで、少量の水を加えて練ると粘り気が強くなり、自由に成形できる粘土。粘土の最も重要な使い道といえば、やはり陶磁器ですね。粘り気があるおかげで器などの好きな形をつくることができ、ガラスの原料である石英や長石を混ぜて高温で焼けば、硬くて壊れにくい製品になります。

陶磁器は字の通り「陶器」と「磁器」を合わせたものであり、「やきもの」とも呼ばれます。どちらも基本的には粘土、石英、長石が原料で、原料という観点から見ると配合の割合が異なるだけです。それぞれ、おおよその配合は次の通り。

- 陶器：粘土50％、石英30％、長石20％
- 磁器：粘土30％、石英40％、長石30％

焼き固めた後にガラス成分が多くなるのが磁器。どちらかというとガラス成分は少なく、粘土成

分が多いのが陶器、ということになります。

ガラス成分が多い分、磁器は水を吸収せず、光にかざすと少し透けて見えます。焼くときの温度も、陶器は1200℃前後、磁器は1300～1450℃というふうに、磁器のほうがより高温。

それから、陶器と磁器の中間に位置する「炻器《せっき》」も、陶磁器に含まれます。炻器は陶器と同じく光にかざしても透けて見えませんが、磁器と同じく水を吸収しません。焼き固めるときの温度は、陶器よりやや高温です。

陶磁器なしでは語れない現代の生活

さて、このように粘土をおもな原料としてつくられる陶磁器ですが、私たちの身のまわりには、本当にたくさんの陶磁器があふれています。

まずは食器類。茶碗や湯呑み、急須、コーヒーカップ、お皿、徳利《とっくり》など、陶磁器は食卓に欠かせません。調理用具としても、土鍋や食品保存用の「かめ」があります。昔ながらの「かめ」は、自家製の味噌や梅干し、ぬか漬けなどをつくるのに今でも重宝されています。

屋外に目を向ければ、屋根瓦があります。神社やお寺、お城、日本家屋の屋根は、みんな瓦でつくられています。一方、ビルや洋風建築であれば、外壁や床にタイルを貼ったり、レンガを積み上げて塀や壁をつくったりします。これらもみな陶磁器ですね。

生活用品としては、花瓶、植木鉢、傘立て、火鉢など。さらに忘れてはならないのが、トイレの便器や洗面器です。あの白いツルツルの素材は陶器なのですね。

美術や工芸の分野では、陶磁器製のさまざまな置物がつくられました。フォルムと装飾にこだわった壺《つぼ》、あるいは花瓶。信楽焼《しがらきやき》のタヌキや沖縄のシーサーなどもあります。2015年には美術作家の小松美羽《こまつみわ》さんと有田焼の窯元がコラボした立体作品『天地の守護獣』(磁器製の狛犬《こまいぬ》)が、イギリスの大英博物館に収蔵されて話題になりました。

芸術的な側面でいえば、日本の伝統文化である茶道《さどう》や「いけばな」も、陶器なしでは語れません。また、あまり身近ではないかもしれませんが、下水道管には陶器製の「陶管《とうかん》」が使われていますし、電線には絶縁のために磁器製の「がいし」が使われています。電柱や鉄塔についている白色の大きなそろばん玉のような部品が、「がいし」です。

このように見てみると、私たちの生活はじつにさまざまな面で陶磁器に支えられていることがわかります。

陶磁器あってこその今の生活。そして、その陶磁器は、粘土あってこその陶磁器。粘土はこんなにも重要な資源なのですね。

陶磁器に使われる粘土の地質学

粘土というのは、一般には粘り気のある土のことですが、地質学では「粘土鉱物」という一群の鉱物のことを指します。粘土鉱物は微細であることと層状の結晶構造をもつことが最大の特徴で、粒子の大きさはおよそ直径2マイクロメートル(0・002㎜)以下。そして、厚さ1ナノメートル(0・001マイクロメートル)ほどの極薄の層が何枚も重なった構造をしています。

陶磁器に使われる粘土も、粘土鉱物を多く含む土であり、粘土鉱物の性質のために粘り気があって、自由に成形することができます。ここでは特に、陶磁器に使われる代表的な日本の粘土について、どんな粘土鉱物が含まれているのか見ていきましょう。

陶磁器の原料となる粘土のうち、土のような柔らかい状態のものを陶土《とうど》といい、硬く固まって石になっているものを陶石《とうせき》といいます（図４・１）。

陶土の代表は、愛知県を中心に三重県、岐阜県、奈良県などで産する木節粘土《きぶしねんど》。カオリン石という白色の粘土鉱物が主体の粘土で、炭化した植物の破片が混じっているため、土の色は灰色または黒みを帯びた褐色をしています。炭化した植物片が木の節に見えることから、この名前がつけられました。

木節粘土は、花崗岩の風化によってできたカオリン石が水に流されて湖沼に集積したもので、鉱物としてはほぼカオリン石だけからなり、そのほかに微細な石英などが少し混じっています。ここでいう風化とは、花崗岩中の鉱物が長期間水に浸されつづけることで元素の一部を失うなどして、化学的に別の鉱物へと変化することを意味します。カオリン石へと変化するのは、おもに花崗岩中の長石、それから黒雲母です。

また、木節粘土のほかに、蛙目粘土《がいろめねんど》という陶土もあります。産地は木節粘土とだいたい同じで、愛知県、三重県、岐阜県あたり。やはりカオ

	おもな構成鉱物	生成過程
木節粘土	ほぼカオリン石だけからなり、そのほかに微細な石英が少し混じっている。	花崗岩の風化によってできたカオリン石が、水に流されて湖沼に集積。
蛙目粘土	カオリン石を主体とし、そのほかに粒の粗い石英がたくさん混じっている。	風化した花崗岩がその場で集積。
天草陶石	木節粘土・蛙目粘土に比べて石英の割合がずっと多く、多い順に、石英、白雲母、カオリン石で構成されている。	花崗岩の風化によってではなく、流紋岩の熱水変質によって生成。

図4.1　陶磁器に使われる代表的な日本の粘土

リン石が主体の粘土ですが、粒の粗い石英がたくさん混じっており、そこが木節粘土との違いです。粘土が雨に濡れると石英の粒が光り、それがカエル（蛙）の目に見えることから、この名前がつけられました。

木節粘土が水に流されてから集積した地層であるのに対し、蛙目粘土は、風化した花崗岩がその場所に留まることでできた地層です。花崗岩を構成する鉱物のうち、長石と黒雲母は風化作用によってカオリン石に変化しましたが、石英だけは風化作用に対して抵抗力があるため、粗い粒として残りました。

次に陶石についてです。有名なのは熊本県の天草地方で採れる天草陶石（図4・2）。やわらかい土ではなく、硬い岩石として産出します。とはいっても、花崗岩のようなガチガチに硬い岩石ではなく、アスファルトに字が書けるような、ちょっとやわらかめの白い岩石。

天草陶石に含まれる鉱物を見てみると、先ほどの木節粘土などに比べて石英の割合がずっと多く、多い順に、石英、白雲母、カオリン石で構成されています。石英が多いということは、陶器ではなく磁器に適した原料です。天草陶石は非常に品質がよく、他のものを混ぜることなくそのままで磁器の原料に使えるほどで、佐賀県の有田焼の原料になっています。

石英の次に多い白雲母は、典型的な粘土鉱物とはやや異なり、大きな結晶で産出することも多い層状の鉱物ですが、天草陶石に含まれる白雲

図4.2　天草陶石（写真：photolibrary）

母は非常に微細な結晶の集合体であり、粘土鉱物と同様の性質をもっています。カオリン石との違いは、一枚一枚の層の構造と、層間に含まれるイオンの種類。白雲母の結晶を構成する一枚一枚の層はカオリン石のそれよりも少しだけ厚く、また、各層の間にカリウムイオンを含むのが特徴です。それに対しカオリン石のほうは、層間にイオンを挟むことなく層が積み重なっています。

天草陶石は、花崗岩の風化によってではなく、流紋岩の熱水変質によってできました。熱水変質とは、マグマの熱で加熱された熱い地下水が作用して、岩石が化学的に変化すること。流紋岩は花崗岩とよく似た成分の岩石なのですが、風化作用ではなく熱水変質作用を受けたことで、白雲母が多くつくられました。

以上、木節粘土、蛙目粘土、天草陶石の3つを紹介しました。このような天然資源が、日本の陶磁器を、ひいては私たちの日本文化を、支えてくれているのですね。

カラー刷りの光沢紙が意外と重いのは粘土が塗られているから

光沢紙の重さは上質紙の1・3倍以上

スタイリッシュでおしゃれな雑誌、企業のカタログやパンフレット、学校で使う資料集や教科書など、フルカラーの印刷物をちょっと思い浮かべてみてください。表面がツルツルで、光沢があり、写真がたくさん掲載されているような印刷物です。一冊の重みが、文字だけの本に比べるとずいぶんと重いですね。

フルカラー印刷の本が重いのは、インキがたくさん使われているからではなく、光沢紙自体が「重い紙」だからです。といっても、単に厚い紙を使っているという意味ではありません。光沢紙がなぜ重いかというと、それは表面に粘土が塗られているから。

カラー写真の印刷に適した光沢紙（コート紙）というのは、光沢のない普通の紙をベースにして、表面を粘土入りの塗料でコーティングしてつくります（図4・3）。このコーティングにより白色度と不透明度が向上し、さらにコーティングの上から熱と圧力をかけてギュッと押さえることで、光沢紙の持ち味である強い光沢（ツヤ）と滑らかさを出すことができます。

実際に光沢紙がどれくらい重いのか、コーティングなしの上質紙と比べてみましょう。

一般的な上質紙（厚さ0・08㎜）の場合、A4サイズ500枚で約2kgです。これに対し、同じ厚さの光沢紙の場合、重さは約2・7kg。光沢紙のほうがおよそ1・3倍も重いですね。

光沢紙の重さは、コーティングする塗料の量や紙の厚さ、仕上げ時の圧縮の度合いなどによって変わってくるため、かなりの幅があります。重いものだと、上質紙の1・6倍ほどになります。

光沢紙のコーティングに使われる粘土入りの塗料

光沢紙の表面をコーティングする塗料には、おもに粘土鉱物のカオリン石と、炭酸カルシウムの粉末が使われます。カオリン石と炭酸カルシウムは鉱物の粉で、それらを結合剤（糊）や水などと混ぜて、固形分65％程度の液体にしたものが基本のコーティング剤。

結合剤に使われるのは合成ゴムを含む乳濁液（ラテックス）やデンプンなどですが、鉱物の粉との比率は10：1くらいなので、コーティング剤の主成分はほぼ鉱物と考えて差し支えありません。

また、鉱物の粉としてカオリン石を使うか、炭酸カルシウムを使うか、あるいは両方を混ぜて使うかは、光沢紙の用途や値段によってさまざまです。従来はカオリン石が主流でしたが、炭酸カルシウムに比べてやや白色度が劣ることもあり、近年では両者を組み

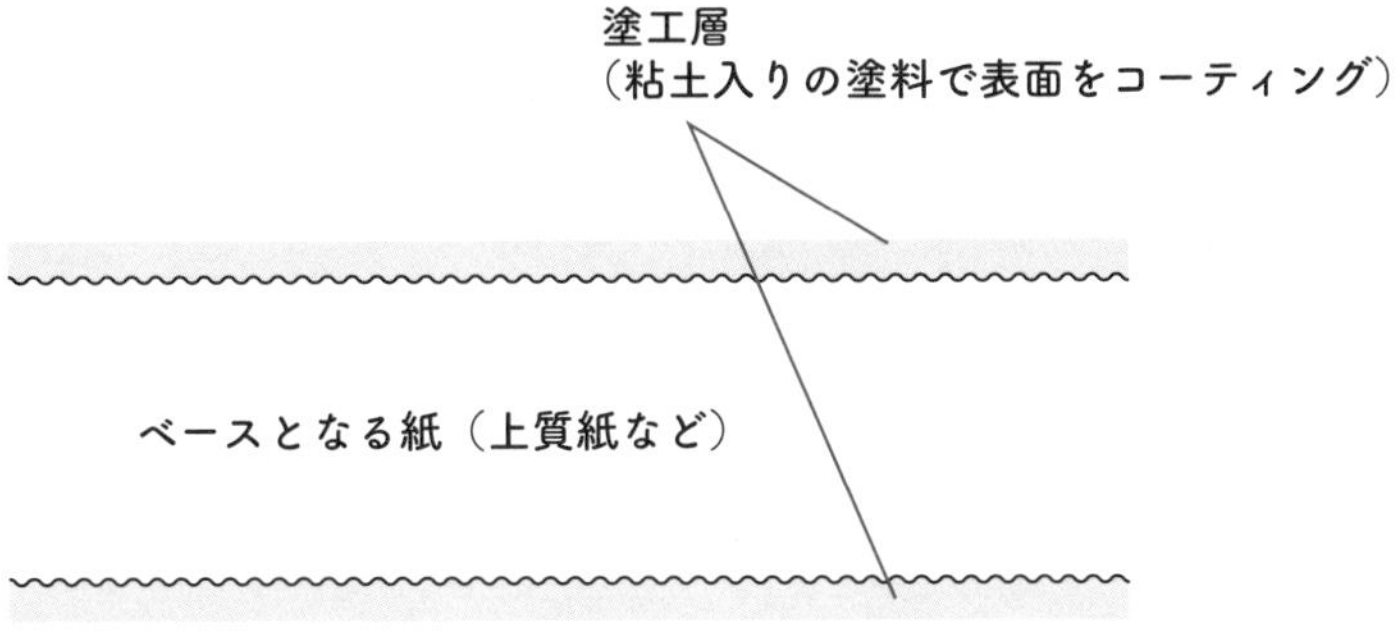

図4.3　一般的な光沢紙の構造

合わせて使うことが多いようです。

このようなコーティング剤を紙の両面に塗布し、加圧処理をすることで、表面にツルツルの「塗工層」が形成されます。鉱物の粉を圧縮してできる塗工層は、もともとの紙に比べて圧倒的に緻密で滑らか。紙はセルロースという繊維が絡み合ってできているので、隙間が多く、塗工層がないと、表面がどうしてもざらざらした感じになってしまうのです。

カオリン石が選ばれる理由

さて、塗工層が緻密で滑らかなのは、非常に細かい鉱物の粉をギュッと圧縮するからです。その点においては、カオリン石も炭酸カルシウムも、細かければいいわけですね。そして、炭酸カルシウムはカオリン石に比べて白色度が高い。

そうであれば、より白くなる炭酸カルシウムをコーティング剤に使えばよく、あえてカオリン石を使う必要はなさそうな気がします。どちらも比較的安価なので、コストの問題でもありません。粘土鉱物のカオリン石が光沢紙のコーティング剤に適しているのは、どうしてでしょうか。

それは、カオリン石の結晶が平らな板状構造をしていることと関係があります。カオリン石に限らず、粘土鉱物の結晶は、極薄の層が何枚も積み重なった構造をしているので、おおむね板状ではあります。しかしながら、カオリン石ではその層の重なりが特に平らで、きれいな六角形の板状結晶になっているのです。

そのため、紙に塗布されたカオリン石入りのコーティング剤がギュッと押さえつけられると、板状の結晶が紙と平行に並びやすくなり、より一層滑らかでツヤのある塗工層になるのです。炭酸カルシウムの結晶には立方体、紡錘形、針状、球状などがありますが、いずれもカオリン石のような板状結晶ではありません。

なお、光沢紙のコーティング剤に使われる粘土鉱物としては、カオリン石の他に滑石《かっせき》もあります。滑石もカオリン石と同じく六角形の板状結晶で、紙の滑らかさが向上します。

滑石は、微細な粘土鉱物でありながら、岩石のような塊で産出することの多い鉱物。名前の通り、その表面はツルツルとよく滑り、ろうそくの蝋《ろう》のような質感です。このような質感ですから、光沢紙のコーティング剤に使われるのも納得できますね。

参考文献

◎畠中宏道『紙の高灰分化に向けた炭酸カルシウム処理剤の開発』Harima quarterly １２１、２０１４ AUTUMN
https://www.harima.co.jp/randd/technology_report/pdf/techrepo1411_1.pdf
◎北村典子「白紙光沢に関する考察」『住友化学』２００４-I、39-44（２００４）
https://www.sumitomo-chem.co.jp/rd/report/files/docs/20040104_7g4.pdf

化粧品にも粘土は欠かせない。乳液、ファンデーション、泥パックなど

粘土がなくては製品の半数以上はつくれない

よく知られているように、化粧品にも粘土が使われています。「ミネラルファンデーション」とか「泥パック」という商品があるので、そうした一部の化粧品のことを指していると思われるかもしれませんが、じつはそれだけではありません。資生堂リサーチセンターによると、「化粧品産業では、粘土鉱物がなくては製品の半数以上は作ることができないと言っても過言ではない」とのこと（秦英夫『機能性素材としての粘土鉱物』）。

例えば、化粧水で水分を補充した肌には、水分が逃げないように、その上から保湿力の高い乳液やクリームを塗るのが一般的ですが、乳液やクリームのしっとりとして濃厚な使用感は、粘土を混ぜることで得られます。製品に粘り気を出したいときに粘土が使われるわけですね。同様の目的で、ネイルエナメル（マニキュア）にも粘土が使われています。

また、固形ファンデーション（手軽に持ち運べるコンパクトタイプのファンデーション）をつくる際には、粘土を混ぜることで成型がしやすくなり、落下の衝撃にも強くなるという利点があります。

そのほか、口紅やネイルエナメルでパール光沢を出すのに粘土が使われたり、ファンデーション

に不足しがちな保湿力を粘土とグリセリンでカバーしたり、といった使用例もあります。皮脂や余分な角質を取り除く泥パックも、主成分は粘土です。

化粧品業界で粘土がこのように重宝されるのは、粘土鉱物がもつ特徴的な性質のためです。ここでは化粧品によく利用されている2種類の粘土鉱物、スメクタイトとマイカについて、詳しく見ていきます。

ゲル化と吸着力が特徴のスメクタイト

スメクタイトは、海底に堆積した火山灰や噴石が固まってできた岩石、凝灰岩を起源とする粘土鉱物です（図4・4）。凝灰岩が海底下深くに埋没することで高い圧力と地熱の影響を受け、少なくとも100万年以上、長いものだと2億年ほどの長い時間をかけてゆっくりと形成されます。

スメクタイトの一番の特徴は、水を吸って膨らみ、ゲル化すること。ゲル化とは、サラサラの液体が、ゼリー状のプルプルした状態になることです。

水を吸って膨らむ性質を「膨潤性」といいます。スメクタイトは膨潤性をもつ粘土鉱物のグループ名で、細かい鉱物名でいうと、モンモリロン石、バイデル石、ノントロン石、サポー石などがあります。こ

図4.4　スメクタイトの粉末（写真：Shutterstock）

のなかで化粧品に使われているのは、おもにモンモリロン石。スメクタイトの名前のほうがよく知られているので、ここではスメクタイトとして話を進めます。

さて、スメクタイトが膨潤性をもつのは、粘土鉱物特有の層状の結晶構造の中に、たくさんの水分子を取り込むことができるからです。

スメクタイトは各層の間にナトリウムイオンやカルシウムイオン、それから水分子をもっているのですが、乾燥した状態では、スメクタイトの中に含まれる水分子は大して多くありません。しかし、十分な量の水に接すると、層間にたくさんの水分子を取り込み、元の体積の数倍から10倍程度にまで膨れ上がるのです。

ただしこれには少しだけ条件があって、劇的に体積が増加するのは、層間にナトリウムイオンを含むスメクタイトの場合だけ。ナトリウムイオンはカルシウムイオンよりも電気的な力が弱く、層と層を引きつけておくための十分な力がないために、層間にほぼ無限に水分子を取り込んで膨潤してしまうのです。

カルシウムイオンを含むタイプのスメクタイトでも膨潤は起こりますが、カルシウムイオンが層と層をしっかりと引きつけるために水分子の入る量は限られていて、途中で体積の膨張は止まります。ですので、「数倍の体積になった」などの大きな変化は起こりません。

ゲル化するには一枚一枚の層がバラバラになる必要があるので、ナトリウムを含むタイプのスメクタイトのほうが、ゲル化には向いているといえます。

化粧品の乳液やクリームは、スメクタイトのゲル化の性質を利用することで、しっとりとした濃厚な使用感が出るように工夫されています。乳液のほうが水分が多いので軽い使用感になり、クリームはより重めの感触になりますが、いずれも粘土鉱物のスメクタイトが使い心地を決める要因なのです。

また、ネイルエナメルに粘り気を出すのにもスメクタイトのゲル化の性質が利用されていますが、こちらは水に混ぜているのではなく、トルエンやベンゼンなどの有機溶媒に混ぜています。スメクタイトは水分子だけでなく、さまざまな有機化合物をも層間に取り込むことができ、膨潤・ゲル化することができるのです。

それから、スメクタイトにはゲル化以外にもうひとつ、「吸着力が高い」という性質もあります。各層の間に水分子や有機化合物を取り込んでしまうスメクタイト。これは、見方を変えれば、スメクタイトは自分自身にさまざまなものを吸着して、取り除いてしまうということです。

この性質を利用している典型的な化粧品が、美顔用の泥パック（クレイマスク）です。泥パックにはいろいろな商品があって、使われている粘土もさまざまですが、やはり代表格はスメクタイトを主成分とする製品。皮脂や余分な角質など、肌の老廃物をスメクタイトが吸着し、除去してくれます。

なお、膨潤・ゲル化の性質はナトリウムイオンを含むスメクタイトのほうが優れていますが、吸着力に優れているのはカルシウムイオンを含むスメクタイトです。少し細かい話になってしまいましたが、層間にどちらのイオンが入っているかで、同じスメクタイトでも、利用する場面が異なってくるわけですね。

平らな板状構造が特徴のマイカ

マイカもスメクタイトと同じく、複数の鉱物をひとまとめにしたグループ名ですが、そこに含まれる鉱物は粘土鉱物に限りません。というより、マイカのなかの一部の鉱物が非常に微細な結晶で産出するため、それらを粘土鉱物として扱っているという位置づけです。化粧品業界では「マイカ」という呼び名がすっかり定着しているので、ここでも「マイカ」で話を進めます。

さて、マイカの日本語名は「雲母」。代表的な鉱物のひとつに白雲母がありますが、白雲母はしばしば非常に微細な結晶の集合体、すなわち粘土鉱物として産出し、磁器の原料として利用されています（天草陶石の主成分のひとつ。図4・5）。

マイカという鉱物グループの特徴は、層間にカリウムイオンを含んでいることと、水分子を「取り込まない」こと。この2つのうち、化粧品にとって重要なのは後者のほうです。

層間に水分子を取り込まないというのは、つまり、膨潤しないということですね。先ほどのスメクタイトとは真逆の特徴。

層と層が一定の距離で固定されているので、マイカの結晶はとても平らな板状構造をしています。この性質は、陶磁器の原料や紙の塗工剤として使われるカオリン石と共通していて、マイカもカオリン石も、化粧品業界では固形ファンデーションを固めるために使用されます。ファンデーションの成分に板状の粘土鉱物を配合することで、圧力をかけた際に固まりや

図4.5　塊状のマイカ。おもに微細な白雲母からなる。産地は愛知県東栄町 粟代鉱山《あわしろこうざん》（写真：photolibrary）

すくなり、落下などの衝撃にも強い、しっかりとした製品になるのです。手軽に持ち運べるコンパクトタイプの固形ファンデーションが誕生したのは、マイカやカオリン石のおかげなのですね。

また、マイカを改良した「雲母チタン」と呼ばれる人工の粘土鉱物は、口紅やネイルエナメルなどのポイントメーキャップにおいて、パール光沢を出すのに使われています。平らで滑らかなマイカの表面に、光をよく反射する酸化チタンをくっつけることで、真珠のような独特の光沢（パール光沢）をもつ粉末をつくることができるのです。

なお、雲母チタンに限らず、化粧品に使われるマイカは、人工的に合成されたものが主流です。天然のマイカには鉄などの不純物が微量に含まれているため、肌に塗布した際、皮脂で濡れるとくすんでしまうという難点があるからです。

一方、合成のマイカは不純物を含まないために無色透明。皮脂で濡れても白色を維持できるため、ファンデーションなどの性能を損なうことがありません。

参考文献

◎西浜脩二「化粧品における粘土鉱物の役割　雲母チタンを用いた機能性メーキャップ」『粘土科学』44、143-149（2005）
https://www.jstage.jst.go.jp/article/jcssjnendokagaku1961/44/3/44_3_143/_pdf

◎秦英夫『機能性素材としての粘土鉱物』J. Jpn. Soc. Colour Mater. 85、113-116（2012）
https://www.jstage.jst.go.jp/article/shikizai/85/3/85_113/_pdf-char/ja

◎鬼形正伸「粘土基礎講座―ベントナイトの特性とその応用」『粘土科学』46、131-138（2007）
http://www.cssj2.org/wp-content/uploads/clay_23.pdf

放射性廃棄物の地層処分では、粘土の壁が強力な「閉じ込めバリア」に

「核のゴミをどうするか」問題

原子力発電に賛成の人も反対の人も、必ず考えなければならない問題があります。それは、原子力発電所から出た放射性廃棄物、いわゆる「核のゴミ」をどう処分するか、という問題。これからの社会が脱原発に向かうとしても、すでに「核のゴミ」は大量に発生しているわけで、この問題を将来世代に丸投げするわけにはいきません。

放射性廃棄物にはさまざまなものがあり、発電所の通常の運転によって発生する使用済み核燃料や、福島第一原子力発電所事故で発生した燃料デブリなどは、特に危険度の高い「高レベル放射性廃棄物」と呼ばれています。日本も諸外国も、高レベル放射性廃棄物は地下300～900mという非常に深い場所に埋めることで処分する方針であり、このような処分方法を「地層処分」といいます。この地層処分において、粘土が重要な役割を果たしているのです。

本題の粘土の話に入る前に、もう少しだけ地層処分の状況を説明します。

原子力発電に使われるウラン燃料は、3～4年程度使用すると核分裂反応が鈍くなってきて、燃料としての役割を終えます。これが「使用済み核燃料」と呼ばれる放射性廃棄物。ただし、日本で

は使用済み核燃料はまだ「廃棄物」ではなく、リサイクルの対象となる「資源」です。

どういうことかというと、日本の原子力政策においては、使用済み核燃料を再処理してウランやプルトニウムを取り出し、新たな燃料として使用する方針となっているのです。ですから、日本における高レベル放射性廃棄物とは、再処理の工程で発生した廃液であり、この廃液からつくられる「ガラス固化体」(後述)が地層処分の対象となります。

なお、世界に先駆けて地層処分を進めているフィンランドとスウェーデンでは、使用済み核燃料を再処理せずに、そのまま地層処分する方針です。日本と同じく再処理して地層処分をする方針の国としては、現在のところフランスが最も先行して準備を進めています。

地層処分で計画されている厚さ70㎝の粘土の壁

それでは、地層処分のどこで粘土が使われるのか、具体的に見ていきましょう。

高レベル放射性廃棄物を地下深くの岩盤に埋めるとき、廃棄物の周りを粘土の壁で覆うというのが、基本的な地層処分の方法です。まだ計画段階ですが、ガラス固化体を埋設する日本の地層処分では、分厚い金属製の容器に納められたガラス固化体を、厚さ70㎝ほどの粘土の壁で覆いながら地下に埋めていく計画です(図4・6)。

もう少しイメージが湧きやすいように、具体的な埋設の流れをざっと説明しますね。

まず再処理の工程で発生した放射性物質入りの廃液は、高温の溶けたガラスと一緒にステンレス製の容器に入れられ、固体のガラスにされます。これが「ガラス固化体」と呼ばれる高レベル放射性廃棄物。円筒形をしていて、高さ約130cm、直径約40cmという大きさです。

次に、できたガラス固化体を分厚い金属製の容器に収納します。容器の厚みはなんと約20cm（日本の場合）。材質の一番の候補は鋼鉄ですが、銅やチタンも検討されています。

そして、最後に粘土。地下深くまで穴を掘って、地層処分に適した深度（300m以上）に達したら、その辺りに廃棄物を設置するための水平方向のトンネルを何本もつくります。その水平に広がった地下のトンネルにおいて、ガラス固化体の入った金属製容器を埋設するために再び縦方向に浅い穴を掘り、穴の底部に小石大に砕いた粘土のかたまりを敷き詰めます。

敷き詰めたらギュッと押し固めて、その上に金属製容器を設置し、周囲と上部にもぎっしりと粘土を充填。さらに押し固めて、これで粘土の壁は完成です。すべての廃棄物の設置が終わったら、水平方向のトンネルや地上へと続く通路は埋め戻されます。

なお、先述の通り、日本の地層処分はまだ計画段階であり、2022年現在、処分地選定の最初の段階である、候補地

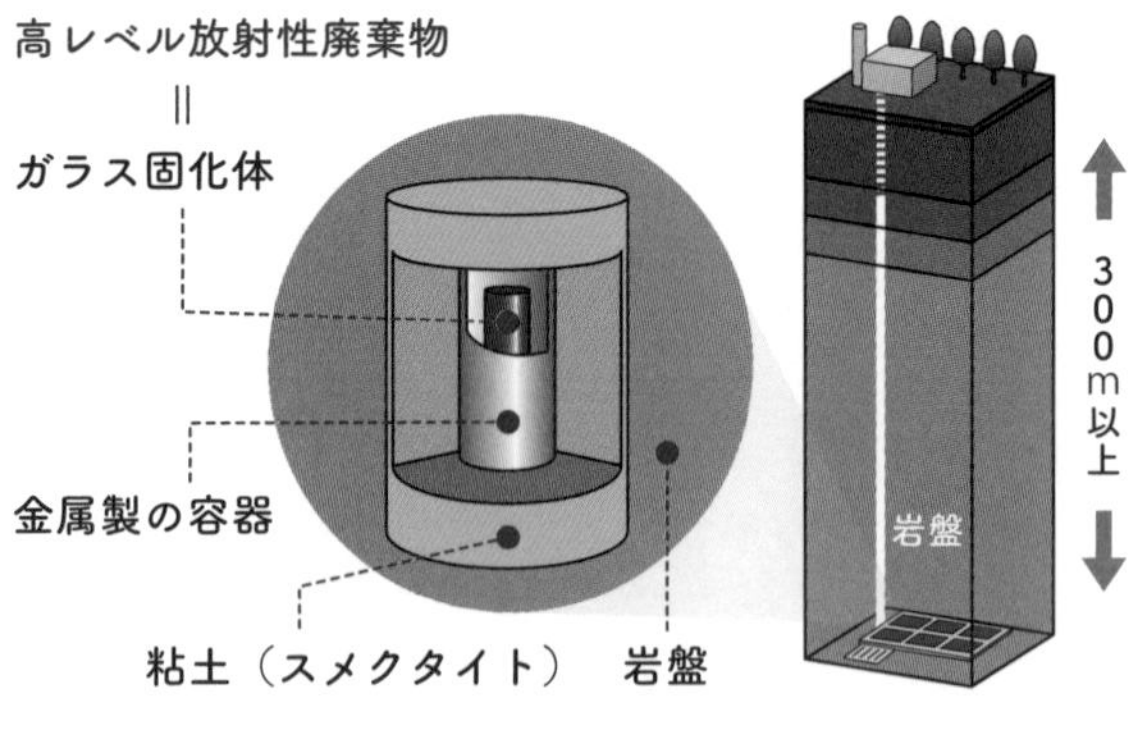

図4.6　地層処分のイメージ図（資源エネルギー庁ホームページより作成）

選びが続けられている状況です。世界的に見ても、実際に高レベル放射性廃棄物を地下に埋めて処分した国は、まだありません。

各国の状況を概観すると、最も進んでいるフィンランドでは、処分地の選定が終わり、国からの建設許可が下りて、地層処分場の建設が進められているところです（操業はまだ）。それに続くスウェーデンでは、処分地の選定が終わり、国からの建設許可が下りるのを待っている状況です。日本と同じくガラス固化体を地層処分する計画のフランスでは、処分地選定の最終段階である、地下深部の詳細な地質調査が進められています。

粘土の壁の重要な役割

地層処分においてガラス固化体の周囲を粘土の壁で覆うのは、第一に、地下水の侵入を防ぐためです。

ガラス固化体は水に溶けにくい物質ですが、それでも地下水と接触することで、長い時間をかけて少しずつ放射性物質が溶け出していくことが考えられます。ですので、地下水がガラス固化体に接触しないように、水を通さない粘土の壁を周囲につくるのです。

地層処分で使われる粘土は、水を吸って膨らむ性質（膨潤性）をもつスメクタイトという粘土（図4・7）。ガラス固化体の周囲に敷き詰めた粘土は、ギュッと押し固められはしますが、そのままでは隙間がたくさんあって水を通してしまいます。

しかし、スメクタイトは地下水が入ってくると膨らんで隙間を埋めてしまうので、それ以上は水を通さなくなるのです。こうして粘土の壁は、地下水からガラス固化体を守ってくれる強力なバリアになるわけです。

なお、粘土の壁に加え、ガラス固化体を収納する分厚い金属容器も、地下水との接触を防ぐためのバリアになっています。

粘土の壁がもつもうひとつの重要な役割は、ガラス固化体から溶け出してきた放射性物質を吸着して、外に逃がさないこと。これもまたスメクタイトに特有の性質によるもので、スメクタイトにはさまざまなイオンを吸着しやすい性質があるのです。

イオンには、電気的にプラスの性質をもつ陽イオンと、マイナスの性質をもつ陰イオンがありますが、スメクタイトは結晶の表面や層状の結晶構造の隙間に、陽イオンをよく吸着します。そして、水に溶けた放射性物質はたいてい陽イオンなので、スメクタイトを主成分とする粘土の壁に触れるとその中にくっついてしまい、それ以上は外に流れていかなくなるのです。これで、たとえ放射性物質が溶け出したとしても、粘土の壁の中に閉じ込めておくことができるわけですね。

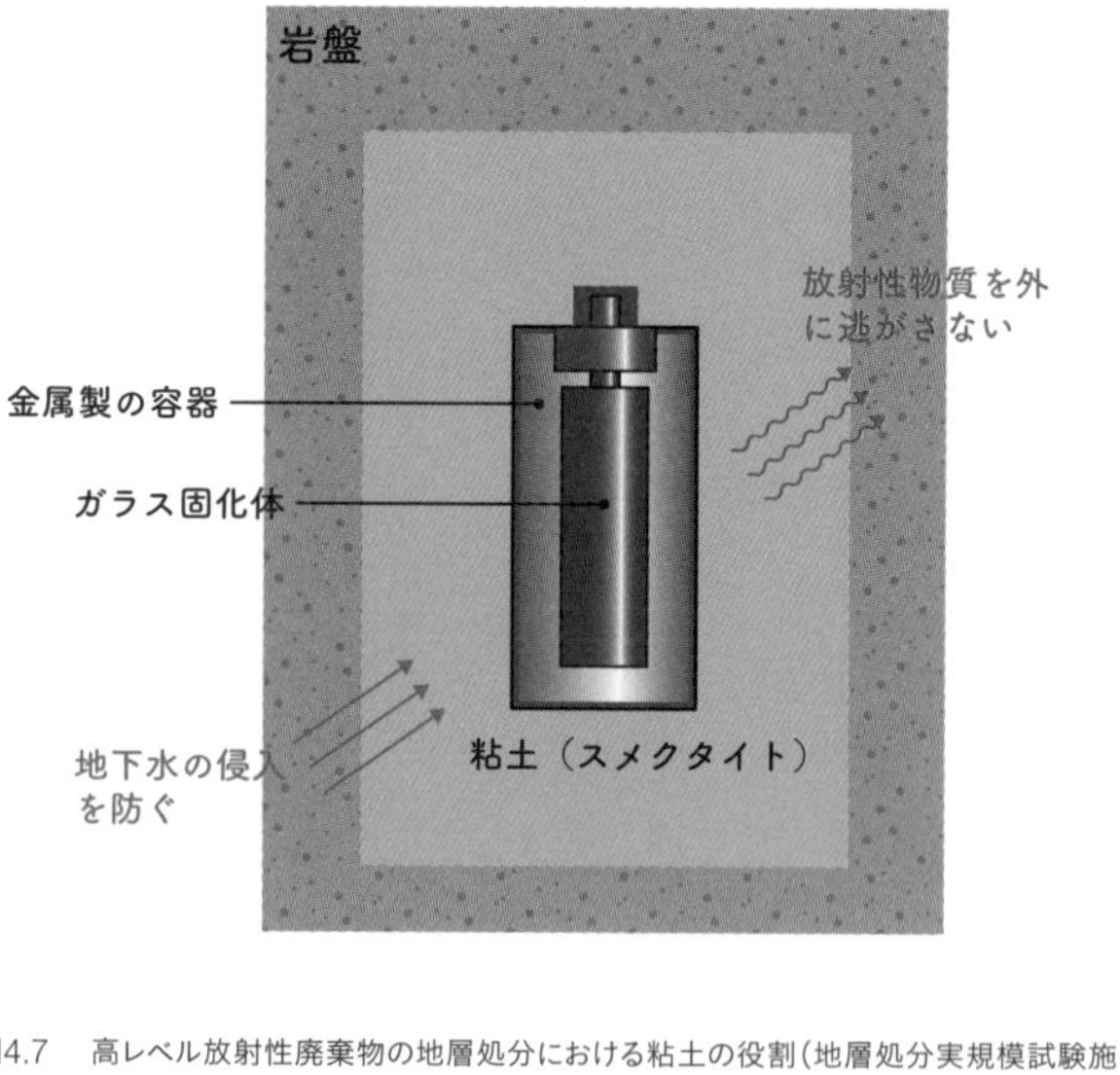

図4.7　高レベル放射性廃棄物の地層処分における粘土の役割（地層処分実規模試験施設ホームページより作成）

日本では花崗岩や泥岩の地層に埋設することを想定して計画が進められていますが、フランスでは、そもそも粘土でできた地層（カロボ・オックスフォーディアン粘土層）に埋設する方針で、現在最終的な地質調査が進められています。放射性物質を閉じ込める材料として、粘土がいかに注目されているかがわかりますね。フランスの場合、ガラス固化体や金属製容器については日本と同様のやり方ですが、周囲を粘土の壁で覆う必要がないので、金属製容器のまま岩盤中に設置していくことになります。

参考文献

◎原子力環境整備促進・資金管理センター『フランスにおける高レベル放射性廃棄物処分』
https://www2.rwmc.or.jp/hlw:fr:prologue

爪よりもやわらかい不思議な石たち

石には硬いイメージがありますが、なかには人間の爪よりもやわらかい、ちょっと変わったものもあります。その代表が、粘土でできた滑石《かっせき》（図4・8）と葉蝋石《ようろうせき》（図4・9）。

どちらもロウソクのようなすべすべした手触りの石ころで、微細な粘土鉱物の集合体です。色は白色から淡緑色、あるいは薄い茶色など。半透明で真珠のような光沢をもち、磨くとツルツルになる美しい石です。

粘土というと泥や土のイメージがありますが、滑石や葉蝋石はずいぶんきれいな姿をしていますね。やわらかいとはいえ、非常に緻密な石なので、固まった泥のような、ザラザラした感じはまったくありません。本当にロウソクのような、石鹸のような、つるんとした触り心地なのです。

さて、鉱物の硬さを表す尺度の「モース硬度」では、滑石はモース硬度1で、最もやわらかい鉱物とされています。葉蝋石はそれよりも少しだけ硬く、モース硬度1と2の間くらい。人間の爪の硬さがモース硬度2〜3に相当するので、どちらも爪で引っかいたら簡

図4.8　滑石。微細な結晶の集合体で、ほぼ滑石だけからなる（写真：123RF）

単に傷をつけることができる硬さです。

コンクリートやアスファルトにこすりつけると白い線が引けるので、昔は子どもたちの遊びによく使われていたのだとか。加工がしやすいため、現在でも小学校の勾玉づくりの教材などに利用されています。

滑石と葉蝋石はよく似た粘土鉱物で、「結晶構造は同じだけど、成分が異なる鉱物同士」という関係です。滑石の主成分はマグネシウム、ケイ素、酸素。これに対し、マグネシウムの代わりにアルミニウムを主成分とするのが葉蝋石です。

そして、滑石はほぼ滑石だけの集合体で石ころを形成しますが、葉蝋石の石ころには、石英や他の粘土鉱物（カオリン石や白雲母）なども混じっているのが普通です。

なお、学名の日本語読みは滑石が「タルク」、葉蝋石が「パイロフィライト」で、陶磁器、製紙、化粧品などの業界では、こちらのほうが馴染みがあるかもしれません。

図4.9　葉蝋石（角柱状に成形したもの）。微細な結晶の集合体で、石英やカオリン石、白雲母なども混じっている（写真：photolibrary）

CHAPTER

5

街で見かける アレって何？

工事現場で打ち込んでいる長い杭、何をやっているの？

地盤をくり抜いて調査する「ボーリング標準貫入試験」

街なかを歩いていると、古い建物が取り壊された更地に、「マンション建設予定地」の看板が立っているのをよく見かけます。「こんなにたくさんマンションを建てて、住む人がいるのかな」と心配になるくらい、都会の駅近くには多いのですが、そのような工事現場で長い杭を打ち込んでいるところを見たことがあるでしょうか。

まだマンションの基礎もできていない更地に、鋼鉄製のパイプで三角形の櫓《やぐら》を組み、その頂点から下向きに、ガンガンと杭を打ち込んでいるあの光景。いったい何をしているのかというと、「ボーリング標準貫入試験」と呼ばれる地盤調査を行なっています（図5・1）。

いわゆる「ボーリング調査」です。ボーリングとは、「くり抜くこと」を意味する英語の名詞です。スポーツ競技の「ボウリング」とは別もので、英語のつづりが違うのはもちろんのこと、日本語の

図5.1　ボーリング標準貫入試験の様子（写真：photolibrary）

カタカナ表記もしっかりと区別されています。

というわけで、その名の通り「ボーリング標準貫入試験」では、まず地面に穴をあけながら、その下の地盤をくり抜いていきます。具体的には、先端に人工ダイヤモンドの研磨材がついた鋼鉄製のパイプを地面に突き立て、垂直を保ったままグリグリと回転させ、地面に埋め込んでいくというやり方です。

これだけではただのボーリング。途中まで掘り進んだら、名前の後半にある「標準貫入試験」が行なわれます。「標準貫入試験」とは、地盤に杭（鉄パイプ）を打ち込んで、その刺さり具合から地盤の強度を測る試験です。

標準貫入試験では地盤の強度を測る

標準貫入試験の手順をざっくりと説明すると、ボーリングの穴あけ作業が深さにして１mほど進んだところで、まずは掘削に使っていた鋼鉄製のパイプを引き抜きます。そして、今度は穴の底に、標準貫入試験用の一回り細い鉄パイプを降ろします。この鉄パイプは先端の長さ１mほどがサンプリング容器になっていて、地盤に打ち込むことで、パイプの中に土や岩石の試料を採取することができます。

櫓から吊り下げた状態でこの鉄パイプを穴の底まで降ろしたら、鉄パイプの上端に「ノッキングヘッド」と呼ばれる、釘の頭に相当する部分を取り付けます。このノッキングヘッドを上から叩くことで鉄パイプを打ち込んでいくのですが、そのときのやり方は厳密に決まっていて、「76㎝の高さから63・5㎏のおもりを落下させる」という方法。おもりを落とすときも、櫓から吊り下げた鉄パイプ（ノッキングヘッドに接続されています）に沿って落とすので、いつも正確に、同じ条件で打ち込むことが可能です。

こうして鉄パイプを地中に打ち込み、30㎝打ち込むのに必要な打撃回数を記録します。このときの打撃回数が「N値」と呼ばれる地盤強度の指標で、例えば、30㎝打ち込むのにおもりを4回落としたなら、N値は「4」。N値が高いほど硬い岩盤といえるわけですね。

N値の上限は基本的には「50」で、地下深くの硬い岩盤では、50回打ち込んでも30㎝に達しません。その場合にはN値の代わりに、実際の貫入量を記録します（例えば15㎝など）。また、50回打ち込んだときの貫入量が1㎝に満たない岩盤は、「貫入不能」と記録されます。

これが標準貫入試験の大まかな流れで、一連の作業が終わったら岩盤に打ち込んだサンプリング容器を引き抜き、再び先端に研磨材がついたボーリング用の鉄パイプを降ろし、岩盤を下へ下へと掘り進みます。そして、次の1mを掘り進んで深さ2mに達したら、標準貫入試験の2回目を実施し、深さ2mにおけるN値を記録します。このようにして1m間隔でN値を測定することで、その土地の地盤の強度が深さ方向にどのように変化していくのか、明確にわかるのです。

なお、ボーリング標準貫入試験の深さは調査の目的に応じて決められ、地下数mから、深いものでは数十mに及ぶことも。どんどん掘り進めていったら鉄パイプの長さが足りなくなりそうですが、鉄パイプは何本でも継ぎ足せるようになっているので、その心配はありません。

岩石の種類や地下水面の位置もわかる

ボーリング標準貫入試験でわかるのは、地盤の強度（硬さ）だけではありません。サンプリング容器で採取した土や岩石を調べることで、地下にどんな岩石、あるいは土があるのかも知ることができます。例えば、粘土と小石が混ざった土が表層にあり、その下に風化した花崗岩があり、さらにその下には硬い花崗岩の岩盤がある、といった具合です。

ただし、標準貫入試験で得られた土や岩石の試料は、大まかな判別にしか使うことができません。研究目的で本格的に地下の岩盤の性質を調べるには、サンプリングに特化したボーリングを行なう必要があります。標準貫入試験の方法では、打ち込みの衝撃で試料が崩れたり圧縮されたりしてしまいますし、穴の底には削りくずとして、その深さより高い位置の土や岩石が混じります。

また、標準貫入試験は1ｍおきに「30㎝打ち込むのに必要な打撃回数」を測定するものなので、採取できる試料も1ｍの区間につき最大30㎝だけです。なので、もっと連続的に地下の様子が知りたい場合には、この方法のサンプリングでは不十分です。とはいうものの、マンション建設予定地で地盤の様子を知るにはこれで十分であり、とても有効な方法として広く使われています。

もうひとつ、ボーリング標準貫入試験でわかる貴重な情報は、地下水面の位置です。1ｍおきに試料を採取していくと、どこかの深さで水浸しの試料が得られ、その深さに地下水面があることがわかります。地下水面が高い（地表からの深さが10ｍ以内）と、地震の際の液状化のリスクが高くなるので、地下水面の高さは建設事業にとってとても重要なのです。

線路に敷いてある大量の石、種類は何？どこから持ってきたの？

レールを支えるバラスト道床

鉄道の線路には大量の石が敷いてありますね。これらは「バラスト」と呼ばれる砕石で、レールを支える重要な役割を果たしています。

鉄道の線路は、地面の上に直接レールが敷かれているわけではなく、積み上げた砕石、あるいは塗り固めたコンクリートの上に枕木を並べ、その上にレールが敷かれています。枕木を介して線路を支えるこのような部分を「道床《どうしょう》」といい、バラスト（砕石）を積み上げた道床を「バラスト道床」（図5・2）、コンクリート製のものを「コンクリート道床」と呼んでいます。

さて、ここではバラスト道床に使われる砕石について見ていきます。日本中でよく見かけるバラスト道床ですが、バラストにはどんな石が使われているのでしょうか。そして、大量の石をどこから持ってきているのでしょうか。

図5.2　バラスト道床（写真：photolibrary）

バラストに使われている代表的な石は安山岩

道床用のバラストには何種類かの石が使われていて、代表的なものは安山岩です（図5・3）。安山岩は灰色から暗灰色のきめの細かい岩石で、玄武岩（ほぼ黒色）と同じくマグマが地表付近で固まってできたものです。玄武岩よりも二酸化ケイ素の割合が多いため、やや色が薄いという特徴があります。

安山岩がバラストの石としてよく使われる理由は、硬くて割れにくいという基本的な性質に加え、日本中で広く産出される石だからです。つまり、安く大量に手に入る石、というわけですね。逆にいうと、安く大量に手に入る石なら何でもよくて、安山岩以外にも、玄武岩、砂岩、花崗岩などがバラストの石として利用されています。

そして、採石場ではバラスト用の石を特別に切り出しているわけではなく、岩石を適当に破砕してふるいにかけ、さまざまな用途の砕石をまとめてつくっています。サイズごとに分けられた砕石は、住居のエクステリア用、駐車場の敷石用、コンクリートに混ぜる骨材用などとして出荷されます。そのうちの2～6㎝くらいのサイズのものが鉄道のバラスト用として、鉄道事業者に引き渡されるわけです。

図5.3　バラスト道床に使われる安山岩の砕石（写真：photolibrary）

ですから、バラストの石は「どこどこの石」と決まっているわけではなく、線路の設置場所にできるだけ近い場所から調達するのが基本。いわば「現地調達」ですね。岩石の種類や産地にこだわる性質のものではなく、輸送費を考慮して、近場から持ってくることのほうが優先度が高いのです。これが、「大量の石をどこから持ってきているのか」に対する答えです。

バラストに適さない石

バラストに使われる石は、硬くて割れにくく、安く大量に手に入るものなら何でもいいわけですが、「硬くて割れにくい」という性質がやはり重要になってきます。レールの下に敷いたときに列車の重みで潰れたり割れたりしてしまう石は、当然ながらバラストとして使えません。

例えば、日本には火山灰が固まった「凝灰岩《ぎょうかいがん》」という白っぽい石が多く産出しますが、この石は加工しやすい建材として知られ、安山岩などに比べるとずっと壊れやすい石です。それから、砂岩や泥岩のなかにはしっかりと固まっていないものもあり、そういう石もバラストには不向き。風化の進んだ花崗岩なども、脆《もろ》くて壊れやすいですね。あと、富士山などの火山地帯に見られる噴石も、空隙（穴ぼこ）が多くて重みや衝撃に耐えられません。

このように見てくると、「何でもいい」といいつつも、本当に何でもいいわけではなく、意外と石の候補は限られてきます。安山岩のバラストが多いのには、ちゃんと理由があるのですね。

また、バラストに使われる砕石は、石の種類だけでなく「形」も重要です。適度に厚みがあって、角が尖っていなければなりません。平たいもの、細長いもの、角の丸いものは不向き。

平たい石や細長い石が不向きなのは、割れやすいからですね。では、角の丸い石はなぜダメなのでしょうか。

それは、積み上げたバラスト同士が深く噛み合わず、列車が通過したときの重さや衝撃でずれやすくなるからです。バラスト道床の役割は、第一に、枕木をしっかりと固定してレールがずれないようにすること。ですから、角が尖っていて互いに噛み合う石でないと、固定の役割が十分に果たせないのです。枕木はバラストに埋もれるようなかたちで設置され、下からだけでなく前後左右からも支えられているので、なかなかずれることがありません。

枕木の固定だけではないバラストの役割

なお、バラストの役割は枕木の固定以外にもいくつかあります。

ひとつは、地面にかかる力を分散させる役割。バラストが列車の重さを分散して地面に伝えるため、バラストを敷けば、列車の重さで地面が沈んでしまうことがありません。もし枕木を地面に直接設置したら、枕木の下の地面だけに列車の重さが集中してかかるので、地面が沈んでレールがずれてしまいます。

それから、振動と音を吸収する役割も重要です。積み上げたバラストがレールと地面との間の緩衝材（クッション）となり、列車の乗り心地がよくなるほか、周囲に振動が伝わりにくくなります。列車が走行するときの騒音についても、バラストの内部で音が吸収されることで、車内や周辺地域への騒音がかなり軽減されます。

また、水はけのよさと雑草が生えるのを防いでくれる点も、バラストの大切な役割です。水はけが悪いと地面がぬかるんでしまいますし、雑草が生えたら駆除するのに手間がかかりますね。

線路に敷き詰められたバラストは、レールの安定性、快適な列車の運行、そして日常のメンテナンスにおいて、とても重要な役割を果たしているのです。

コンクリートにできる鍾乳石のようなつらら。成分は同じでもでき方が違う

コンクリートにできる炭酸カルシウムのつらら

コンクリート製の橋の下やマンションの壁などに、鍾乳石《しょうにゅうせき》に似た白っぽいつららができていることがあります。これは「白華《はっか》」と呼ばれる、炭酸カルシウムのかたまりで、コンクリートの成分が雨水に溶けてしみ出し、空気中の二酸化炭素と反応して固体になったものです(図5・4)。水が滴り落ちるコンクリートの下面ではつらら状になり、割れ目などから水がしみ出している壁面では、水の流れた跡に沿ってでこぼこした盛り上がりができます。

白華は見た目が鍾乳石とよく似ているだけでなく、じつは成分も同じ。どちらも炭酸カルシウムでできています。

ということは、「白華はコンクリートにできた鍾乳石」といえそうですが、白華と鍾乳石ではでき方が異なるため、やはり別ものなのです。それぞれのでき方を比較するために、まずは白華のでき方から見

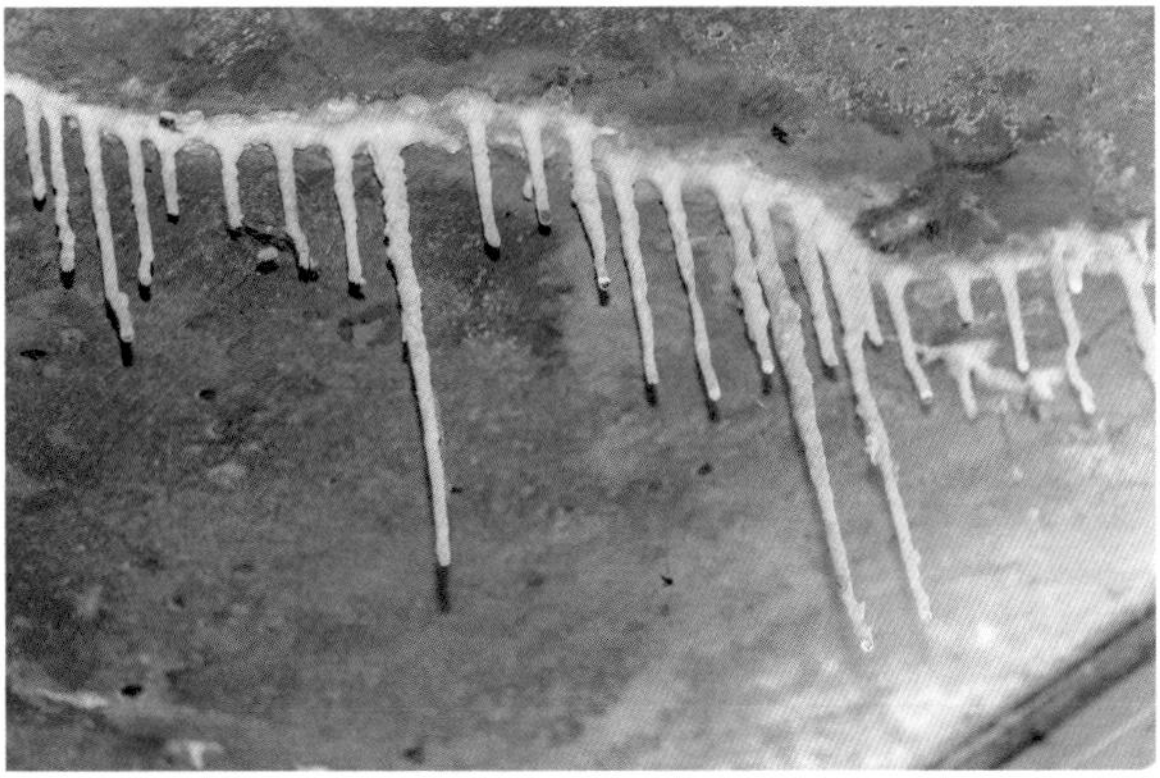

図5.4　白華。コンクリート製の建造物の下面や壁面に生成する（写真：Shutterstock）

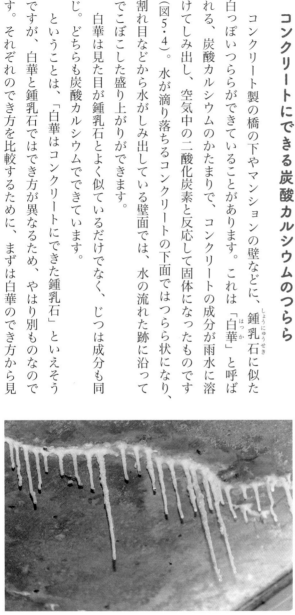

ていきましょう。

白華の元になっているコンクリートは、セメント、水、砂、砕石を混ぜて固めたものです。コンクリートが硬化する過程で、セメントと水からケイ酸カルシウムと水酸化カルシウムができるので、硬化後のコンクリートは、ケイ酸カルシウム、水酸化カルシウム、砂、砕石でできていることになります。

これらの成分のうち、白華は水酸化カルシウムからつくられます。いろいろな化学物質の名前が出てきてちょっとややこしいですが、鍾乳石と比較するうえで大切なのは、「水酸化カルシウム」からできた炭酸カルシウムであるということ。

水酸化カルシウムは水に溶けやすいので、雨水などがあるとそこに溶け込んでしまいます。そして割れ目に沿ってコンクリートの表面まで出てきた水酸化カルシウムは、今度は空気中の二酸化炭素と反応して（くっついて）、水に溶けにくい炭酸カルシウムへと変化するのです。こうして鍾乳石に似た白華ができあがるというわけです。

鍾乳石と白華の違い

次に鍾乳石のでき方です。白華が水酸化カルシウムからできるのに対し、鍾乳石は、「炭酸水素カルシウム」からできます。こちらについても、もう少し詳しく見ていきましょう。

鍾乳石の元になっているのは、石灰岩という岩石です。石灰岩は、白華や鍾乳石と同じく炭酸カルシウムでできた岩石。この石灰岩が分布する土地に雨が降ると、地表からしみ込んだ雨水が石灰岩を溶かし、地下に空洞をつくって、その壁面に鍾乳石ができて鍾乳洞となります。

さて、先ほど白華のところで、炭酸カルシウムは「水に溶けにくい」といっていたのに、どうして石灰岩は雨水に溶けてしまうのでしょうか。それは、地下の石灰岩に到達する雨水には、空気中や土壌中の二酸化炭素が溶け込んでいて、弱いながらも酸性の水になっているからです。

石灰岩(炭酸カルシウム)は酸性の水に溶けやすく、二酸化炭素入りの雨水に触れると「炭酸水素カルシウム」という物質になって、水に溶けてしまいます。そして、石灰岩が溶けてひとたび地下に空洞ができると、その壁面には炭酸水素カルシウムを含んだ地下水がしみ出してくるようになる。そうすると、空洞の中の空気は土壌中に比べて二酸化炭素の濃度が低いので、空洞の壁面にしみ出した地下水からは二酸化炭素が逃げていき、炭酸水素カルシウムは再び炭酸カルシウムに戻って壁面で固まってしまいます。

これが大まかな鍾乳石のでき方です。重要なのは、「炭酸水素カルシウム」からできたものであるという点。

まとめると、白華も鍾乳石も同じく炭酸カルシウムでできていますが、白華は「水酸化カルシウム」が二酸化炭素とくっついてできた炭酸カルシウム。これに対して鍾乳石は、「炭酸水素カルシウム」から二酸化炭素が抜

	成分	できる場所	でき方
白華	炭酸カルシウム	コンクリート製の建造物表面	コンクリートの主成分である水酸化カルシウムが雨水に溶け、その水が割れ目からしみ出したときに空気中の二酸化炭素と反応することで、炭酸カルシウム(白華)が析出する。
鍾乳石	炭酸カルシウム	石灰岩地帯の地下の空洞	まず石灰岩の主成分である炭酸カルシウムが弱酸性の地下水に溶け、炭酸水素カルシウムを含む地下水ができる。その水が地下の空洞の壁面からしみ出したときに、水から二酸化炭素が抜ける化学反応が起こることで、炭酸カルシウム(鍾乳石)が析出する。

図5.5 白華と鍾乳石の比較

けてできた炭酸カルシウム。よく似ていても、このようにでき方に違いがあるのですね（図5・5）。

コンクリートの強度に問題はないけれど

なお、コンクリートに白華ができているからといって、そのコンクリートの強度が著しく低下しているわけではありません。セメント成分が割れ目に沿って少しずつ溶けているのは確かですが、それはほんの表面だけのことで、建造物全体の強度に影響を及ぼすほどのものではないからです。

ですが、比較的多くの白華が見られる場所では、コンクリートの内部で鉄筋が錆《さ》び始めている可能性があります。その目安となるのが、白華の色。

白華の一般的な色は半透明のきれいな白色ですが、淡いベージュ色、黄土色、赤褐色など、色のついたものもしばしばあります。着色の原因として考えられるのが、鉄筋に由来する鉄錆の混入です。ですので、赤褐色など色の濃い白華が見られる場合は、コンクリートの中の鉄筋が劣化している可能性が高く、注意が必要となります。

お城の石垣に使われている石はどんな石？

人気は安山岩と花崗岩

お城の石垣にはどんな種類の石が使われているのか、ちょっと気になりますね。石垣に使われる石は、地域によっても時代によっても異なりますし、同じ石垣に何種類もの石が使われていることもあるので、一概にはいえません。そこで、代表的なお城について、いくつか具体的に見ていきましょう。

まずは東京都にある江戸城（皇居）から。江戸城の石垣は、おもに安山岩と花崗岩でできています（図5・6）。

安山岩はマグマ由来の細かい粒子からなる灰色の石で、伊豆半島などの有名な産地から江戸まで運ばれてきました。花崗岩も同じくマグマ由来の石ですが、全体に白っぽくて黒い点々があり、粗い粒子からなるのが特徴です。こちらは瀬戸内海沿岸から運ばれてきました。

伊豆半島にしろ瀬戸内海沿岸にしろ、わざわざ遠くから石を運んできたのは、「江戸幕府の権力と財力にものをいわせて良質の石材を取

図5.6　江戸城の石垣（写真：photolibrary）

り寄せた」という背景もありますが、そのほかに地質学的な事情も関係しています。じつは、東京周辺の岩盤はあまり硬くない堆積岩の地層（砂や小石が集まったもの）でできていて、硬くて大きな石が採れません。そこで、石垣をつくるには、硬い石材を別の場所から運んでくるしかなかったのです。

安山岩も花崗岩も、堅牢でありながら比較的加工しやすく、見た目も美しいという特徴があります。現在でも建築材料や墓石として広く利用されている主要な石材です。

続いて、大阪府にある大阪城。大阪城の石垣は、おもに花崗岩です（図5・7）。

江戸城の花崗岩と同じく瀬戸内海沿岸から運ばれてきたもののほか、兵庫県の六甲山で採れる花崗岩も使用されています。大阪城は石垣に面して広い水堀を巡らせる造りになっているため、水がしみ込みにくい花崗岩が特に適していたということです。

このほかに、安山岩や花崗岩が石垣に使われているお城としては、石川県の金沢城、富山県の富山城などがあります。

金沢城の石垣はおもに安山岩でできていますが、一般的な灰色の安山岩ではなく、赤色と青緑色の2種類の安山岩が使用されています（図5・8）。どちらも石材名は「戸室石《とむろいし》」といい、赤色のものを「赤戸室」、青緑色のものを「青戸室」と呼んでいます。戸室石ゆえに、金沢城の石垣は色彩

図5.7　大阪城の石垣（写真：123RF）

の美しさが特に印象的です。

富山城の石垣には、おもに花崗岩、安山岩、砂岩が使われています。

近場で採れる石を使った石垣

安山岩と花崗岩以外で石垣によく使われている石は、流紋岩、凝灰岩、チャートです。こちらについても、代表的なお城を見ていきましょう。

滋賀県近江八幡市にある安土城の石垣には、流紋岩が使われています（図5・9）。流紋岩は、安山岩に似た粒子の細かいマグマ由来の岩石で、安山岩よりも白っぽい色をしているのが特徴です。

滋賀県といえば琵琶湖ですが、琵琶湖の南東側の地域に流紋岩でできた岩盤が広がっていて、その石を使って安土城の石垣が造られたというわけです。つまり、安土城の石垣には、近場で採れる石が使われているのですね。遠くから石材を取り寄せて造った江戸城や大阪城の石垣とは、その点が大きく異なります。

また、安土城の石垣は、自然のままの石を加工せずに積み上げたものですが、江戸城や大阪城の石垣は、加工された石で造られています。隙間なくピッタリと積み重ねられ、優美な曲線を描く石垣は後者のほうです。

図5.8　金沢城の石垣（写真：photolibrary）

図5.9　安土城の石垣（写真：photolibrary）

さて、話を流紋岩に戻しましょう。安土城のお隣、滋賀県彦根市にある彦根城の石垣も、同じく琵琶湖の南東側に分布する流紋岩で造られています。

安土城よりは後の時代（江戸幕府が始まって以降）に造られた彦根城ですが、やはり近場の石が使われています。安土城との違いは、加工していない自然のままの石で造った石垣と、加工した石で造った石垣の両方が見られることです。

次に、凝灰岩でできた石垣をもつ代表的なお城としては、福井県にある福井城が挙げられます（図5・10）。凝灰岩は、火山灰や細かい噴石などが固まってできた岩石で、安山岩や花崗岩、流紋岩に比べるとかなり加工しやすいという特徴があります。堅牢さや緻密さの点では劣るといえますが、現在でも石塀などの建築材料としてよく使われている石材です。

福井城の石垣も、近場で採れる石で造られているという点で、先ほどの安土城や彦根城と共通しています。凝灰岩が採れる山（足羽山《あすわやま》）は福井城から南東3㎞ほどの距離にありますが、川を伝って簡単に運ぶことができたそう

図5.10　福井城の石垣（写真：photolibrary）

です。

そのほか、世界遺産に登録されている兵庫県の姫路城でも、石垣の多くに近場で採れる凝灰岩が使われています。

硬くて加工しにくいチャートでできた石垣

近場で採れる石で造った石垣の最後は、チャート。チャートとは、水晶と同じ成分である二酸化ケイ素でできた岩石で、非常に硬いのが特徴です。色はさまざまで、赤色、褐色、茶色、黄土色、緑色、灰色、黒色などがありますが、磨かれたような艶のある表面の質感と、ものによってはほんの少し透明感があるところなどが、見分けるポイントになります。

チャートでできた石垣が見られる代表的なお城は、愛知県の犬山城（図5・11）。犬山城の周辺にはチャートの岩盤が分布しており、やはり近場の石をほとんど加工せずに使って石垣が造られています。

硬いチャートを加工するのは大変なので、いかに堅牢性に優れていようとも、加工した石を積み上げるタイプの石垣には不向きです。そのため、江戸城や大阪城に見られる優美な曲線の石垣には、堅牢かつ加工しやすい安山岩や花崗岩が選ばれましたが、犬山城のように自然

図5.11　犬山城の石垣（写真：Shutterstock）

のままの石を積み上げる方法ならば、チャートを使っても特に問題はありません。

このように、お城の石垣に使われる石の種類は意外と多岐にわたります。その理由は、基本的に石垣は、近場で採れる石を使って造るものだから。重機やトラックがなかった時代、大量の石材を遠くから運ぶには多大な労力がかかるので、当然そうなりますね。

安山岩、花崗岩、流紋岩、凝灰岩、チャートといった岩石が石垣によく使われているのは、堅牢性、加工のしさすさ、見た目の美しさなどで優れていたこともありますが、それ以上に、これらの石が日本各地でよく採れたから、という理由によります。割れやすく脆い岩石でなければ石垣の石として使用することが可能なので、地域の地質に合わせて、多く産出する石が選択されたのでしょう。

一方、石垣を造る際に困るのは、東京のように近くに硬い岩石が分布していない場合です。石が採れないのですから、こういう場合は仕方なく、遠くから石を運んでくることになりますね。

参考文献

◎ 西本昌司「名古屋城石垣に使われている石材の岩石種」『地質学雑誌』126、343-353（2020）
https://www.jstage.jst.go.jp/article/geosoc/126/7/126_2020.0018/_pdf

硬い岩盤とやわらかい岩盤、トンネルを掘るならどっち？

トンネルを掘るなら、あまり硬くない岩盤（やわらかい岩盤）のほうが削りやすくて適しているように思えますが、じつはそうでもありません。やわらかい岩盤とは「崩れやすい岩盤」ということであり、掘ったトンネルが崩れてこないように、入念な補強をしなければならないからです。

例えば、断層によって岩盤が破砕されている場所（破砕帯）がトンネルの工事区域にあったとしましょう。その辺りの岩盤はバキバキに割れているので、割れていない硬い岩盤に比べて、掘り進むのはとても簡単です。

しかし、岩盤の強度が低いために、せっかく掘ったトンネルの壁面が崩れてきてしまいます。通常、トンネルの壁面は、①鋼鉄製のフレーム、②吹付けコンクリート、③岩盤に打ち込む長いボルト、の3つによって補強されますが、崩れやすい岩盤の場合にはこの工事を二重に施すなど、特別な対策が必要になります。破砕帯だけでなく、そもそも岩盤全体が崩れやすい砂や小石の地層からなる場合にも、同じことがいえます。

また、粘土質の岩盤も要注意です。粘土質の岩盤は、花崗岩などの硬い岩石に比べれば格段に強度が低いものの、かといって破砕帯や砂の地層のようにぼろぼろと崩れてくるわけでもないので、一見するとトンネル工事に都合のよい岩盤のように思えます。

しかし、代表的な粘土鉱物のひとつであるスメクタイトには、水を含むことで膨張する性質があり、スメクタイトの多い粘土質の岩盤にトンネルを掘ると、壁面や床面が膨れてきて工事がたいへんやりにくくなります。その膨れる威力は、せっかくつくった壁面の補強を破壊してしまうほど。

粘土質の岩盤が膨れるしくみはこうです。トンネルを掘るような地下深くは地下水に満たされているので、スメクタイトはすでに水を含んだ状態。トンネルを掘る前には、膨張しようとするスメクタイトを周囲の岩盤がギュッと押さえつけていたので、膨れることができませんでした。

そのように力のかかった状態の岩盤にトンネルを掘ると、そこだけスメクタイトを押さえつけていた力がなくなります。その結果、スメクタイトの膨張を引き起こしてしまうのです。

スメクタイトを押さえつけていた岩盤がなくなった分、今度はそれを人工的に押さえつけるための工事が必要になるわけですね。対策としては、崩れやすい岩盤のときのように補強を二重にしたり、掘削と補強工事のインターバルを短くして、変形がひどくなる前に早期に補強したりするなどの方法がとられます。

トンネル工事に適しているのは、一般に硬くて割れ目の少ない岩盤です。硬くて割れ目が少ないと、掘削したトンネルの壁面がなかなか崩れてきません。そのため、通常の補強工事を行なうだけで十分な安全性が得られ、効率よくトンネルを掘り進めることができるのです（図5・12）。

	トンネルを掘ったときの様子	必要となる補強工事
硬い岩盤	壁面が崩れにくい。	通常の補強工事だけで十分。
やわらかい岩盤	壁面が崩れやすい。	補強工事を二重に施すなど、特別な対策が必要。
粘土質の岩盤	壁面や床面が膨れてくる。	補強工事を二重にしたり、掘削と補強工事のインターバルを短くして早期に補強したりするなどの対策が必要。

図5.12　岩盤の違いがトンネル工事に及ぼす影響

岩盤が硬いと掘るのに労力がかかるのは確かですが、掘りにくさよりも崩れやすいことのほうが、トンネル工事においてはデメリットなのです。

CHAPTER

6

エネルギーと環境

日本には火山が多いのに、なぜもっと地熱発電をやらないの？

日本の地熱資源量は世界第3位

太陽光発電や風力発電など、再生可能エネルギーの利用が昨今ますます注目されていますが、地熱発電もそのひとつ。地熱発電とは、温泉地などから噴出する蒸気でタービンを回して電力を得る、化石燃料に頼らない発電方法です。

日本は火山地帯であり、多くの温泉があるので、地熱発電はとても有望な選択肢のように思えます。実際、「地熱資源量」と呼ばれる潜在的な地熱発電の能力では、日本はアメリカ、インドネシアに次いで世界で第3位の資源量を有しています（図6・1）。

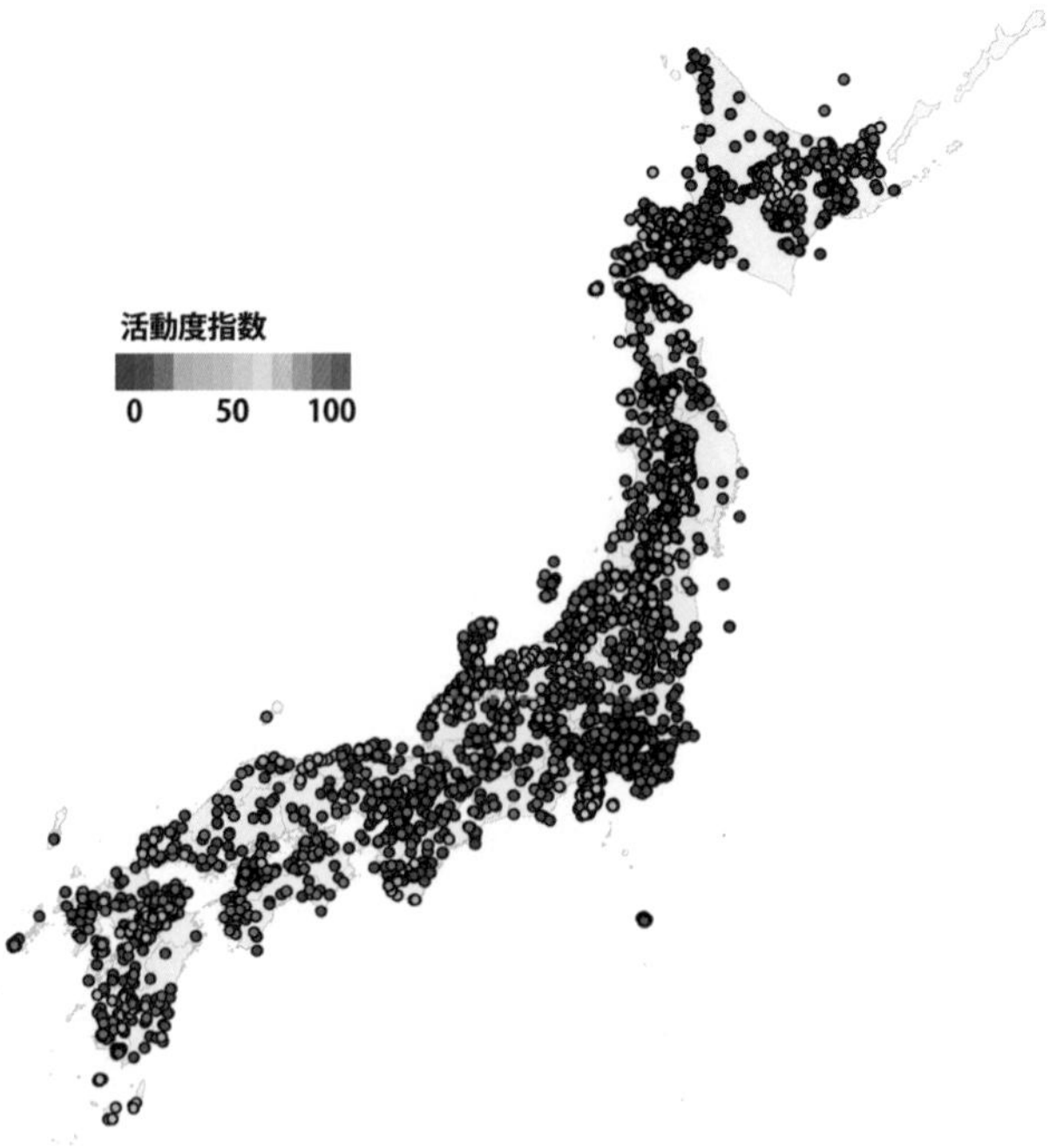

図6.1　日本の地熱地域の分布。活動度指数が高いほど高温の地熱地域であることを示す（地質調査総合センター（2009）数値地質図 GT-4「全国地熱ポテンシャルマップ」https://www.gsj.jp/Map/JP/geothermal_resources.html を使用して作成）

ところが、発電設備の容量、つまり実際の発電能力だと、日本はかなり順位を落とし、2021年時点で世界第10位という状況です。トップのアメリカに比べると6分の1以下、第2位のインドネシアの4分の1程度の発電量しか得られていません。日本は世界第3位の膨大な地熱資源量をもちながら、現状ではそれを十分に生かせていないのです（地熱資源量のうち、利用できているのは2・6%ほど）。

そして、日本の地熱発電の低迷ぶりは、火力発電など他の発電方法と比較すると、より一層明らかになります。

日本の全発電量（2021年時点）の内訳を見てみると、火力が71・7%で最も多く、次いで太陽光が9・3%、水力が7・8%、原子力が5・9%となっています。その他ではバイオマスが4・1%、風力が0・9%で、地熱は最も少ない0・3%。火力発電はいうに及ばずですが、太陽光発電や水力発電と比べても、地熱発電の全発電量に占める割合は格段に小さいのです。

1000mを超える大深度掘削で蒸気を掘り当てる

高い潜在能力をもっていながら、どうして日本では地熱発電の利用が少ないのでしょうか。その理由として、森林法、温泉法、自然公園法などによる規制が厳しくて、温泉地や国立公園での開発がなかなか進まないという実態があります。

しかし、地熱発電が低迷している最大の理由は、開発リスクの高さにあります。地熱発電には200～350℃という高温の蒸気が大量に必要なのですが、そういった条件を満たす蒸気を掘り当てるのはかなり難しく、時間とコストがかかるのです。そのあたりの掘削の難しさについて、少し詳しく見てみましょう。

地熱発電で掘削するのは、深さ1000～3000mの地層中に溜まった蒸気および熱水です（熱水は蒸気と分離した後に地中に戻されます）。地表からしみ込んだ雨水が地下深くでマグマによって加熱され、高温の蒸気や熱水になるわけですが、せっかく加熱された地下水も岩盤の割れ目などを伝って散逸してしまうと地熱発電に利用することはできません。地熱発電に利用できるのは、そのような蒸気や熱水が地下の「容器」に大量に溜まった場所に限られるのです。

「容器」とは蒸気や熱水を保持できる地層のことで、硬くて緻密な岩盤ではなく、粒子同士の間に隙間があって地下水が浸透しやすい岩盤が、「容器」に適しています。細かい隙間の中に蒸気や熱水を溜めることができるからですね。

それと、「容器」の上には「蓋」も必要です。「蓋」に適しているのは、今度は地下水を通しにくい緻密な地層（例えば泥岩）で、そうした地層に覆われることで、「容器」に溜まった蒸気や熱水が地表に逃げていかず、地層中に大量に溜まるようになります。

地熱発電に利用可能な蒸気（高温かつ大量）は、このような地質条件が揃わないと確保できないので、掘ればすぐに見つかるというものではありません。地表からの調査によって候補地を決めた後、何回か試し掘りをして、目当ての蒸気や熱水が出たり出なかったりといったことを繰り返しながら、徐々に開発を進めていくことになります。

初期調査から操業開始まで、10年以上かかるのが普通です。2019年に営業運転を開始した秋田県湯沢市の山葵沢《わさびざわ》地熱発電所は、国内で23年ぶりとなる新規の大規模地熱発電所で、調査から運転開始までに26年かかったそうです。

成長の鍵は時間とコストの削減

ここまで、地熱発電の低迷の理由は開発リスクの高さにある、という話をしてきました。操業までに10年以上かかるという開発期間の長さに加え、掘っても当たるとは限らないという不確実さが、事業化の妨げになっています。しかも、うまく掘り当てた場合にも、想定通りの蒸気量が得られるかどうかは、操業を継続してみないとわかりません。

調査や建設にかかるコストも高額になりがちです。地熱発電用の掘削は、一般の温泉の掘削とは異なりとても深く掘るため、1回の掘削に数億円のコストがかかります。温泉用の井戸は深くても数百mあたりですが、地熱発電の場合、先述の通り1000〜3000mといった大深度が必要。地熱発電に使われる高温の蒸気は、地下深くに眠る資源であるため、開発するのはけっこう大変なのです。

このような状況なので、地熱発電の成長の鍵は、「いかに時間とコストを削減して、開発リスクを下げるか」だといえます。具体的な方策としては、①別の事業でたまたま蒸気を掘り当てた井戸を地熱発電事業者が譲り受ける、②調査のために掘削した井戸でも蒸気が出れば発電施設として活用する、などが検討されています。

地熱発電は純国産のクリーンなエネルギー源であり、技術面でも日本は世界トップクラス。開発リスクの低減を図りつつ、今後ますます成長していってほしい分野です。

参考文献

◎ 新エネルギー財団『地熱エネルギーの開発・利用推進に関する提言 令和４年3月』（２０２２年）
https://www.nef.or.jp/introduction/teigen/pdf/te_r03/chinetsu.pdf

◎ 環境エネルギー政策研究所『２０２１年の自然エネルギー電力の割合（暦年・速報）』（２０２２年4月４日）
https://www.isep.or.jp/archives/library/13774

石油がなくなるまであと何年？ずっと前から数字が減っていない理由

石油の可採年数の計算方法

2020年末時点で、石油の可採年数、つまり採掘可能な残りの年数は53・5年と見積もられています。ですが、20年前、あるいは30年前にも、「石油がなくなるまであと40年」などといわれていましたね。どうしていつまで経っても「あと何年」の数字は減らないのでしょうか。

それは、技術の進歩により採掘可能な石油埋蔵量が増えているからなのですが、そのことを詳しく見る前に、「あと何年」という石油の可採年数がどうやって計算されるかについて、少しだけ説明します。

石油の可採年数は、現時点で確認されている採掘可能な石油の埋蔵量（確認埋蔵量）を、その年に採掘した石油の量（年間生産量）で割った値です。

可採年数［年］＝確認埋蔵量［バレル］／年間生産量［バレル］

わかりやすくするために、具体的に計算してみましょう。イギリスの石油会社ＢＰ（旧ブリティッシュ・ペトロリアム）が毎年発行しているエネルギー関連のレポート『Statistical Review of World Energy』によると、２０２０年末時点での確認埋蔵量は世界で1兆７３２４億バレル、２０２０年における年間生産量は３２４億バレルです。したがって、この時点での可採年数は、

確認埋蔵量／年間生産量＝1兆７３２４億バレル／３２４億バレル＝53・5年

となります。

採掘可能な埋蔵量が増えれば可採年数は伸びる

「あと何年」という可採年数はこのように計算されているので、例えば、新たな石油資源が見つかって採掘可能な埋蔵量が増えると、「あと何年」もどんどん先に伸びていくことになります。あるいは、年間生産量と同じ分だけ毎年新たな資源が見つかれば、「あと何年」はずっと変わらないということです。

ここで、最近30年における確認埋蔵量、年間生産量、可採年数の変化を見てみましょう（図６・２）。

こちらの表を見てもらうとわかる通り、年ごとの採掘量（年間生産量）は増えているにもかかわらず、それを上回る勢いで採掘可能な埋蔵量（確認埋蔵量）も増えており、結果として可採年数は徐々に伸びていっています。こういうわけですから、私たちが抱く「たしか30年前にも『あと40年』

といわれていたような……」という感覚は、もっともなことなのです。「あと何年」の数字は減っていないのですね。

新たな石油資源として シェールオイルと超重質油の利用が拡大

さて、それでは肝心の、採掘可能な石油の埋蔵量が増えている理由を見ていきましょう。おもな理由は、シェールオイルと超重質油という2つの新しい石油資源の実用化です。

シェールオイルとは、地下深くの頁岩《けつがん》（シェール）から採掘される石油のことで、2010年ごろからアメリカなどで本格的な生産が始まりました。頁岩は泥が固まってできた岩石の一種で、本のページ（頁）のようにペラペラと薄く剥がれる性質があるものの、全体としては緻密で硬い岩石です（図6・3）。

隙間がほとんどない岩石なので、井戸をただ掘っただけでは少しの石油しか回収できず、採算がとれません。しかし、頁岩を水圧で破砕する技術が確立し、それによって開発コストに見合うだけの石油を回収できるようになりました。

なお、シェールオイルではない、いわゆる普通の石油は、おもに石灰岩や

	確認埋蔵量〔バレル〕	年間生産量〔バレル〕	可採年数〔年〕
2020年	1兆7324億	324億	53.5
2015年	1兆6839億	334億	50.4
2010年	1兆6369億	304億	53.8
2005年	1兆3725億	299億	45.9
2000年	1兆3009億	273億	47.7
1995年	1兆0987億	248億	44.3
1990年	1兆0009億	237億	42.2

図6.2 最近30年における確認埋蔵量、年間生産量、可採年数の変化

砂岩の地層から採掘されています。特にサウジアラビアをはじめとする中東の産油国では、「アラブD層」と名づけられた石灰岩の地層（深さ2000～2500m）が、石油の巨大な貯留層となっています。

次に「超重質油」についてです。超重質油とは、流動性が極端に低い（つまり粘性が極端に高い）石油のことで、パイプラインによる長距離輸送ができないほか、硫黄や重金属を多く含むために環境対策が難しいなど、実用化に至るには解決すべきいくつかの課題を有しています。しかしながら、1990年代末から徐々に技術が進歩し、ベネズエラ（南アメリカ北部）やカナダで確認されている膨大な量の超重質油が、採掘可能な石油資源とみなされるようになりました。これにより、2010年以降ベネズエラの確認埋蔵量は世界最大となり、長らく1位だったサウジアラビアを上回っています。

ベネズエラの超重質油を実用化させた技術に、「ナフサと混ぜて流動性を高める」という方法があります。ナフサとは石油製品のひとつで、ガソリンに似た透明な液体。サラサラなので、超重質油に混ぜれば流動性が高くなるのです。そのままでは輸送も精製も困難な超重質油ですが、油田の近くに建設した処理プラントでナフサと混ぜることにより、まずは流動性の高い合成油に変え、そこから製油所に運んで精製するという二段構えの方法で、実用化に漕ぎ着けることができました。

図6.3　油母頁岩。ケロジェンという石油類似の物質（有機化合物の混合物）を多量に含む頁岩で、この種の岩石を500～800℃で乾留（空気を遮断した状態で加熱）することで、シェールオイルが得られる（写真：Shutterstock）

このように、シェールオイルや超重質油の利用が広がっているために、採掘可能な石油の埋蔵量は年々増加傾向にあります。とはいえ、化石燃料である石油に限りがあることは事実ですし、燃焼による二酸化炭素などの排出も気になるところです。「あと何年」という数字がなかなか減らないことに感謝しつつも、引き続き、多様なエネルギー生産を模索していく必要がありますね。

参考文献

◎ 英国B.P.社『Statistical Review of World Energy 2022』
https://www.bp.com/en/global/corporate/energy-economics/statistical-review-of-world-energy.html

道路を白くしたら地球温暖化を防げるか？

「アスファルト舗装の黒い道路を白く塗ったら、太陽光を吸収しにくくなって気温が下がるのではないか」。

このような発想はもっともなことで、実際にニューヨークやロサンゼルスなどアメリカの大都市では、道路や建物の屋根を白系の塗料でペイントするという高温対策が進められています（図6・4）。マサチューセッツ工科大学によれば、これらの対策により、都市部の夏の最高気温が少なくとも1・4℃ほど低下するとのこと。

しかし、ここで注意しなければならないのが、道路を白く塗ったからといって、地球全体の平均気温が下がるわけではない、ということです。たしかに、都市部の気温は下がるかもしれませんが、地球温暖化で問題視されている地球全体の

図6.4　ニューヨークの住宅街。屋根の上が白く塗られている（Googleアース）

気温変化には影響がありません。

つまり、地球温暖化ではなく、いわゆる「ヒートアイランド現象」を防ぐのに効果的だということです。

ヒートアイランド現象とは、「熱《ヒート》」と「島《アイランド》」を組み合わせた言葉で、郊外に比べて都市部の気温だけが限定的に高くなる現象のことです。都市部では地面の大部分がアスファルトなどの人工物で覆われ、森林や草地が少ないために、熱がこもりやすくなるのです。

一方、地球温暖化は都市部に限定的なものではなく、地球全体の平均気温が高くなる現象で、その原因は二酸化炭素などの温室効果ガスの放出が産業革命以降に急激に増えたからだといわれています。ヒートアイランド現象と地球温暖化は、どちらも人間活動が関係している点では共通していますが、原因や規模はまったく異なるために、別々に考える必要があります。

都市部の道路が占める面積は、地球全体で見たら微々たるものです。だから、道路を白く塗って熱がこもらないようにしても、残念ながら地球全体の気温を下げることにはつながりません。

効果があるとすれば、それは、「ヒートアイランド現象を緩和することで、夏場のエアコンに使われるエネルギーを削減できる」という省エネの観点においてです。消費エネルギーの削減は火力発電に伴う二酸化炭素排出の削減につながり、二酸化炭素排出の削減は大気中の温室効果ガスを減らすことにつながるので、結果的に地球温暖化を防ぐ助けになるかもしれません。ここで「かもしれません」という言い方をしたのは、これには、「地球温暖化の原因は人為的な二酸化炭素の排出である」という前提が必要だからです（因果関係を明らかにするのは困難であり、そのような「推定」で、現在さまざまな対策が行なわれているという状況です）。

こういうわけで、地球温暖化を防ぐ助けになるかどうかは未知数ですが、道路を白く塗ることでヒートアイランド現象が緩和され、省エネにつながるなら、やる価値は十分にありそうですね。

参考文献

◎ MIT CSHub『Mitigating Climate Change with Reflective Pavements』(Nov. 2020)
https://cshub.mit.edu/sites/default/files/images/Albedo%201113_0.pdf

日本の肥沃な土壌のほとんどは火山灰由来。火山の恵みで作物を栽培

畑や果樹園の大部分は黒ボク土

北海道のジャガイモ、青森県のリンゴ、栃木県のイチゴ、鹿児島県のサツマイモなど、日本の畑ではさまざまな農作物が栽培されていて、その多くが「黒《くろ》ボク土《ど》」と呼ばれる黒色、あるいは黒っぽい褐色の土壌で栽培されています。黒ボク土の起源は、じつは火山灰。大量に降り積もった火山灰に、動植物由来の有機物（腐植）が集積して、黒々とした土壌になりました（図6・5）。北海道、東北、関東、九州の広い範囲に分布し、いずれも肥沃な農地として活用されています。

火山灰は、噴火したマグマのしぶきが冷えて固まった細かい粒子なので、いってみれば砂つぶの集まりです。硬くてサラサラの、細かい砂。できたての火山灰には土壌に必要な粘土分が含まれていないため、このままでは土壌になりません。火山灰の粒子が雨水と反

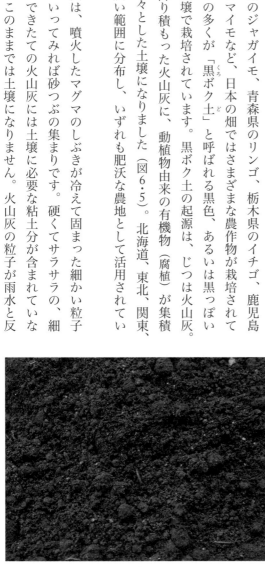

図6.5　黒ボク土（写真：北上雷 / PIXTA）

応して徐々に粘土鉱物がつくられていくことで、適度な保水性や栄養分を保持する性質が備わっていくのです。

さて、黒ボク土が黒いのは、動植物由来の有機物（腐植）のためと先ほど書きましたが、そういった有機物は枯れた植物が腐ったりすることで生成されるので、火山灰地域でなくてもできるわけですね。それなのに、どうして火山灰地域においてだけ、土が黒くなるほどの腐植が集積したのでしょうか。

それは、火山灰に多く含まれるアルミニウムが腐植と強く結びつき、腐植がそれ以上分解されるのを防ぐ働きをするためです。そのため、火山灰地域では分解される腐植よりも新たに生成される腐植のほうが多くなり、地表付近に腐植がたまり続け、日本の他の土壌よりもずっと多くの腐植を含む土になりました。黒ボク土に含まれる腐植の量は、世界の肥沃な土壌と比べても最高水準にあります。

リン酸欠乏を肥料で補い肥沃な土壌へ

黒ボク土が農作物の栽培に適しているのは、基本的には腐植を多量に含むからです。腐植は微生物によってさらに分解されることで、植物に必要な窒素やリン酸などの栄養分の供給源になります。また、土壌の粒子を適度に結合させて大小さまざまな団子状の構造をつくり、隙間の多いフカフカの土にしてくれたりもします。

しかし、そんな黒ボク土にも重大な欠点があります。その欠点のために、じつは第二次世界大戦前までは、まったくといっていいほど農作物の栽培に使われていませんでした。その欠点とは、リン酸とあまりにも強く結合して容易に離さないため、植物がリン酸欠乏に陥ってしまうこと。腐植が多いということは、そこから生成されるリン酸も多いわけですが、黒ボク土は他の土に比べてはるかに強くリン酸と結合するため、植物が利用できる土壌中のリン酸が著しく不足してしまうのです。土壌がリン酸をしっかりとつかんで、植物に渡さないようにしているわけですね。このような環境では、リン酸の吸収力が強い一部の植物、例えばススキやササなどしか生育できなくなってしまいます。

黒ボク土がこれほどまでにリン酸と強く結合するのは、先ほども出てきた火山灰に多く含まれるアルミニウムと、もうひとつは、火山灰と雨水との反応で生まれた粘土鉱物・アロフェンの影響です。アルミニウムは腐植と強く結合するほか、リン酸とも強く結合し、なかなか離しません。それから、粘土鉱物のアロフェンは火山灰からできるちょっと変わった粘土鉱物なのですが、一般的な粘土鉱物のように平板状の構造をしておらず、ごくごく小さな中空球状（ボール状）の構造をしています。そのため、表面積が非常に大きく、他の粘土鉱物よりもたくさんのリン酸を吸着してしまう性質があります。土壌というのは基本的にリン酸と結合しやすく、そのために栄養分を保持できるわけですが、黒ボク土の場合はアルミニウムと粘土鉱物アロフェンのためにその性質が強くなりすぎて、植物がリン酸を利用できなくなってしまうのです。

そこで、戦後になってリン酸肥料の開発が進み、人工的に黒ボク土のリン酸含量を増やす方法がとられるようになりました。もともと黒ボク土には、適度な保水性と水はけのよさ、通気性のよさ、フカフカしたやわらかさ、という優れた特性があるので、リン酸肥料によって植物のリン酸欠乏を補ってやることで、肥沃な土壌へと劇的な変化を遂げることになったのです。こうして現在の日本では、黒ボク土が農業生産を支える重要な土壌になりました。

黒ボク土以外の日本の土壌

日本には黒ボク土のほかに、もうひとつ特徴的な土壌があります。それが、「褐色森林土《かっしょくしんりんど》」と呼ばれる、褐色あるいは黄褐色の土壌。黒ボク土が平坦な台地に分布するのに対し、褐色森林土は山地に分布し、火山灰をあまり含んでいないのが特徴です。腐植の量は黒ボク土よりも少ないものの、こちらも肥沃な土壌として畑に利用されています。

褐色森林土は、岩石が風化作用によって細かく砕けた後に、岩石由来の砂つぶが雨水と反応して粘土鉱物へと変化することでできた土壌です。褐色森林土の元になっている砂つぶは黒ボク土の元になっている火山灰よりも大きな粒子なので、その分、粘土鉱物へと変化しにくく、褐色森林土の形成には長い年月を要します。また、基本的には斜面にたまっている土なので、雨に流されやすく、ときには土砂崩れで一気に失われることもあり、平坦な台地や低地に比べて土壌の層が薄い傾向にあります。簡単にいうと、岩山の表面を薄く土壌が覆っている状態なのです。

それから、日本といえば稲作ですが、稲作に適した土地は、山地や台地よりもさらに低いところにある低地（平野）です。低地には河川によって運ばれてきた土砂が集積し、黒ボク土でも褐色森林土でもない、もうひとつの特徴的な土壌、「沖積土《ちゅうせきど》」が広がっています。このような場所は河川から水を引き込みやすく、古くから水田に利用されてきました。土壌として黒ボク土が稲作に向いていないわけではないのですが、黒ボク土が分布する台地（高い場所）では大量の水を水田に引き込むのが難しく、また、水田にするには水はけがややよすぎることもあって、あまり稲作には利用されていません（図6・6）。

褐色森林土も沖積土も肥沃な土壌ですが、畑や果樹園に占める割合では、やはり黒ボク土が突出してナンバーワン。火山灰あってこその黒ボク土なので、日本の農業は火山の恵みともいえますね。

参考文献

◎ 独立行政法人農業環境技術研究所『火山国ニッポンと土壌肥料学』https://www.naro.affrc.go.jp/archive/niaes/magazine/103/mgzn10306.html

	特徴	でき方
黒ボク土	黒色。平坦な台地に分布。リン酸とあまりにも強く結合して容易に離さないため、植物がリン酸欠乏に陥ってしまう欠点があるが、肥料で補うことが可能。	大量に降り積もった火山灰に動植物由来の有機物（腐植）が集積してできる。
褐色森林土	褐色。山地に分布。黒ボク土に比べ腐植の量が少ない。	岩石が風化作用によって細かく砕けた後に、岩石由来の砂つぶが雨水と反応して粘土鉱物へと変化することでできる。
沖積土	灰色または褐色。低地（平野）に分布。おもに水田に利用されている。	河川によって運ばれてきた土砂が低地に集積することでできる。

図6.6　農地として利用されている日本の代表的な土壌

ラジウム温泉に溶けているのは、気体になって出てきた地中の放射性物質

自然環境中に存在するいくつかの放射線源

2011年の福島第一原子力発電所事故のあと、まき散らされた放射性物質による健康への影響が懸念されるなかで、「自然界にはもともといくつかの放射線源があり、私たちは日頃からある程度の放射線を浴びて生活している」ということが広く知られるようになりました。そのような放射線は、具体的に次の4種類に分けられます。

(1)宇宙から飛んでくる宇宙放射線
(2)土壌や岩盤(建築材料を含む)から放出されている放射線
(3)地中から出てきた気体の放射性物質が呼吸によって取り込まれ、体内で発生する放射線
(4)農作物や飲料水を通じて土壌中の放射性物質が取り込まれ、体内で発生する放射線

世界的に見て、これらを合わせた放射線の影響(被ばく線量)は1年間に1~10ミリシーベルト(mSv)という値で、日本では平均2・1ミリシーベルトです。この値は、原発事故後の被ばく線量

を考えるうえで無視できない高さでした。

被ばく線量の目安がちょっとわかりにくいかもしれませんが、例えば東京電力によると、事故後の福島第一原子力発電所で働く作業員の被ばく線量（2022年6月時点）は、ひと月あたり平均0・3ミリシーベルトで、これを1年間に換算すると約3・6ミリシーベルトになります。また、環境省によると、CTスキャンなど医療に伴う被ばく線量の値が日本では高く、平均で年間3・9ミリシーベルトとされています。これらは自然由来の被ばく線量とは別々に測定されているので、先ほどの原発作業員の場合だと、単純計算で平均9・6ミリシーベルトの年間被ばく線量になります。自然由来の被ばく線量が占める割合は、9・6ミリシーベルトのうちの2・1ミリシーベルトなので、けっこう大きいことがわかりますね。

ラジウム温泉は天然の放射線源のわかりやすい例

さてここで、放射能泉として知られるラジウム温泉について取り上げてみましょう。ラジウム温泉の「ラジウム」とは原子番号88の放射性元素のことです。このラジウムに由来して、ラジウム温泉は、他の場所よりも被ばく線量が少しだけ高くなっています。とはいっても、お湯の中にラジウムが溶けているわけではありません。溶けているのはラドンという放射性元素で、地中のラジウムが時間経過とともにラドンに変化し、そのラドンがお湯に溶け込んでいるという状況です。

このラジウム温泉、先ほど出てきた4種類の自然環境中の放射線源のうち、（3）と深く関係があります。すなわち、「地中から出てきた気体の放射性物質が呼吸によって取り込まれ、体内で発生する放射線」です。ここでいっている「地中から出てきた気体の放射性物質」というのが、じつはラドンなのです。

土壌中や岩盤中には、ラジウムなどの放射性物質がどこにでも含まれているため、そのままでも微量ながら放射線を出しています。ただ、ラジウムは固体なので、地中から外に出てきて私たちが吸い込んでしまうことは、あまりありません。ラジウムによる被ばく線量を考えるうえで重要なのは、ラジウムから変化してできたラドンが、気体であるという点です。気体であるからこそ、厄介な存在になり得ます。

どういうことかというと、土壌中や岩盤中で生成された気体のラドンは、やがて地中から空気中へと出ていきます。そこが何もない場所なら、空気中に薄く広がってしまうので被ばく線量は無視できるほど小さくなりますが、そこに家屋があった場合、屋内にラドンがたまってしまうことになります。というより、ほとんどの家屋は地面の上につくられているので、建物の中にはもれなくラドンがたまってしまうと考えたほうがいいでしょう。特にコンクリート造りの密閉度の高い家屋では、ラドンがたまりやすくなります。そして、たまったラドンを人が吸い込むことで、放射性物質が体内に入り、内側から被ばくの影響を受けることになるのです。

ラジウム温泉ができた経緯もこれとほぼ同じで、地中で発生した気体のラドンが、建物ではなく地下の温泉水にたまることで放射能泉になりました（図6・7）。ラドンには水に溶けやすい性質があるため、空気中に出てくるだけでなく、地下水にもたまりやすいのです。もちろんラジウム温泉ができるには、地中のラジウム量が他の地域よりも多いという条件が必要ですが、被ばく線量で見ればその差はわずか。ラジウム温泉は、天然の放射線源のひとつであるラドンが身近な存在である

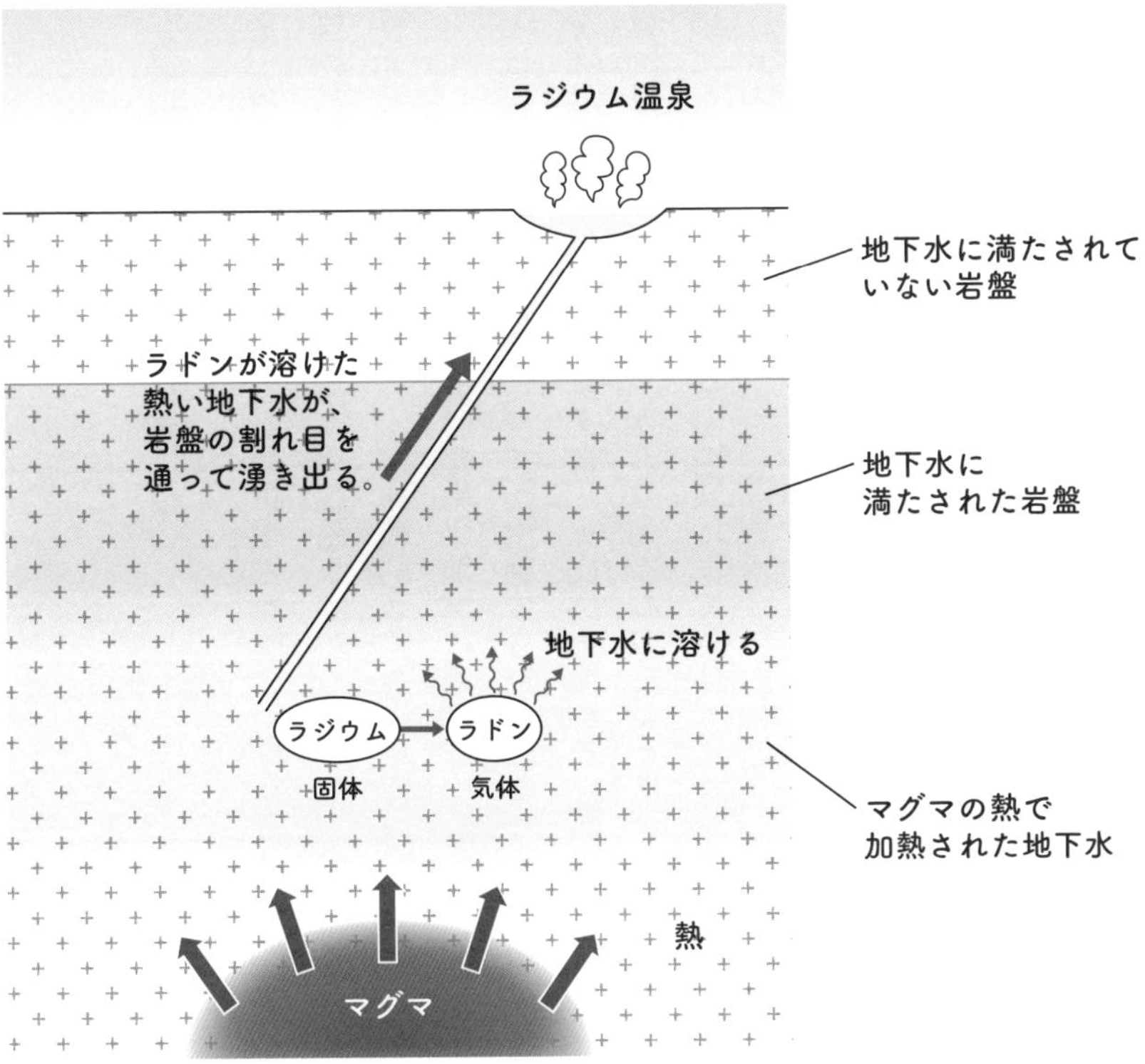

図6.7　ラジウム温泉のでき方

ことの、とてもわかりやすい例といえます。

ラジウム量が多いのは花崗岩地域

地中のラジウム量が多いのは花崗岩が広く分布する地域で、日本では東日本よりも西日本で多い傾向にあります。国内屈指のラジウム温泉「三朝温泉《みささ》」があるのも、中国地方の鳥取県。

花崗岩には放射性元素のウランやトリウムが比較的多く含まれていて、それらが長い年月をかけてラジウムへと少しずつ変化していくので、花崗岩地域には継続的にラジウムが存在することになるのです。このことは、花崗岩が風化してできた土壌にも当てはまります。

一方、花崗岩が分布していない地域、例えば、火山灰土壌が多い関東地方や東北地方であっても、ラジウムがないわけではありません。ラジウムの元になっているウランやトリウムは地球を構成するどんな岩石・土壌にも含まれているので、地域による差は、量が多いか少ないかの違いになります。

なお、三朝温泉の南側、鳥取県と岡山県の県境辺りには、かつて試験的にウラン採掘が行なわれていた人形峠旧ウラン鉱山があります。他の地域に比べてこの辺りの岩盤中にウランが多く含まれていることの、ひとつの証拠といえますね。

岩盤中のウランやトリウムがラジウムへと変わり、ラジウムから気体のラドンが生成する。この流れを知っておくと、自然環境中の放射線源について理解しやすくなると思います。

参考文献

◎ 東京電力『福島第一原子力発電所作業者の被ばく線量の評価状況』
https://www.tepco.co.jp/decommission/information/newsrelease/exposure/index-j.html

◎ 環境省『年間当たりの被ばく線量の比較』
https://www.env.go.jp/chemi/rhm/h29kisoshiryo/h29kiso-02-05-03.html

◎ 河野摩耶・西野義則『必要な環境放射線：環境汚染と人体への影響の真実』GPI Journal 2、56-59（2016）
https://www.jstage.jst.go.jp/article/gpijournal/2/1/2_GPI-7G-029/_pdf/-char/ja

地球の内部がなかなか冷えないのは、岩盤中の放射性物質のおかげ

地球の中心付近の温度は、さまざまな観測結果から5000～6000℃もの超高温に達すると見積もられています。太陽の表面温度が約6000℃であることを考えると、地球の中心はとんでもなく熱い世界ですね。約46億年前というはるか昔に誕生した地球なのに、いまだにこれほどの高温を保っているのは不思議なことです。地球は冷えてしまわないのでしょうか。

実際のところ地球は少しずつ冷えているのですが、地球が非常に大きいためにゆっくりとしか温度が下がらず、今も十分に高い温度を保っているという状況です。できたばかりの頃の地球はドロドロに溶けたマグマの塊で、表面の温度は少なくとも1000℃以上。でも、現在の地球の表面はそんな灼熱地獄ではなく、生命が生きられる温度の海や大地が広がっていますね。ゆっくりとではありますが、たしかに冷えてはいるのです。

そもそも、どうしてできたばかりの頃の地球がドロドロのマグマだったかというと、小さな天体(微惑星)が衝突・合体しながら地球が徐々につくられていくなかで、激しい衝突のエネルギーによって膨大な熱が発生したからです。言い換えれば、現在の地球がもっている熱は、地球誕生時に蓄えられたものだといえます。

しかしながら、現在の地球内部が高温を保っている理由は、それだけではありません。地球誕生時に蓄積された熱が徐々に失われていくなかで、地球内部で新たに発生している熱もあるのです。それ

は、ウラン、トリウムなどの放射性物質が生み出す熱です。

地球内部の岩盤中には、岩石の成分としてウランなどの放射性物質がわずかながら含まれています。放射性物質とは、放射線を出すことで別の元素に変化（壊変）する元素のこと（図6・8）。放射性物質が壊変するときに熱が発生し、地球全体で見るとその熱が膨大な量になるのです。どれくらいかというと、地球が徐々に冷えていくときに放出される熱の、なんと約半分。放射性物質の貢献度は非常に大きいといえますね。

なお、ウランやトリウムのほとんどは地殻とマントル（岩盤中）に含まれていて、最も中心にあるコア（鉄とニッケルでできた合金）にはほとんど含まれていないと考えられています。つまり、放射性物質はコアの熱源にはなっていないということ。ですので、冒頭で出てきた地球の中心付近の高温に関していえば、地球誕生時に蓄えられた熱だけが熱源になります。とはいえ、放射性物質から発生する熱によってコアの周囲の岩盤が加熱されれば、その分コアも冷えにくくなるので、間接的には貢献しています。

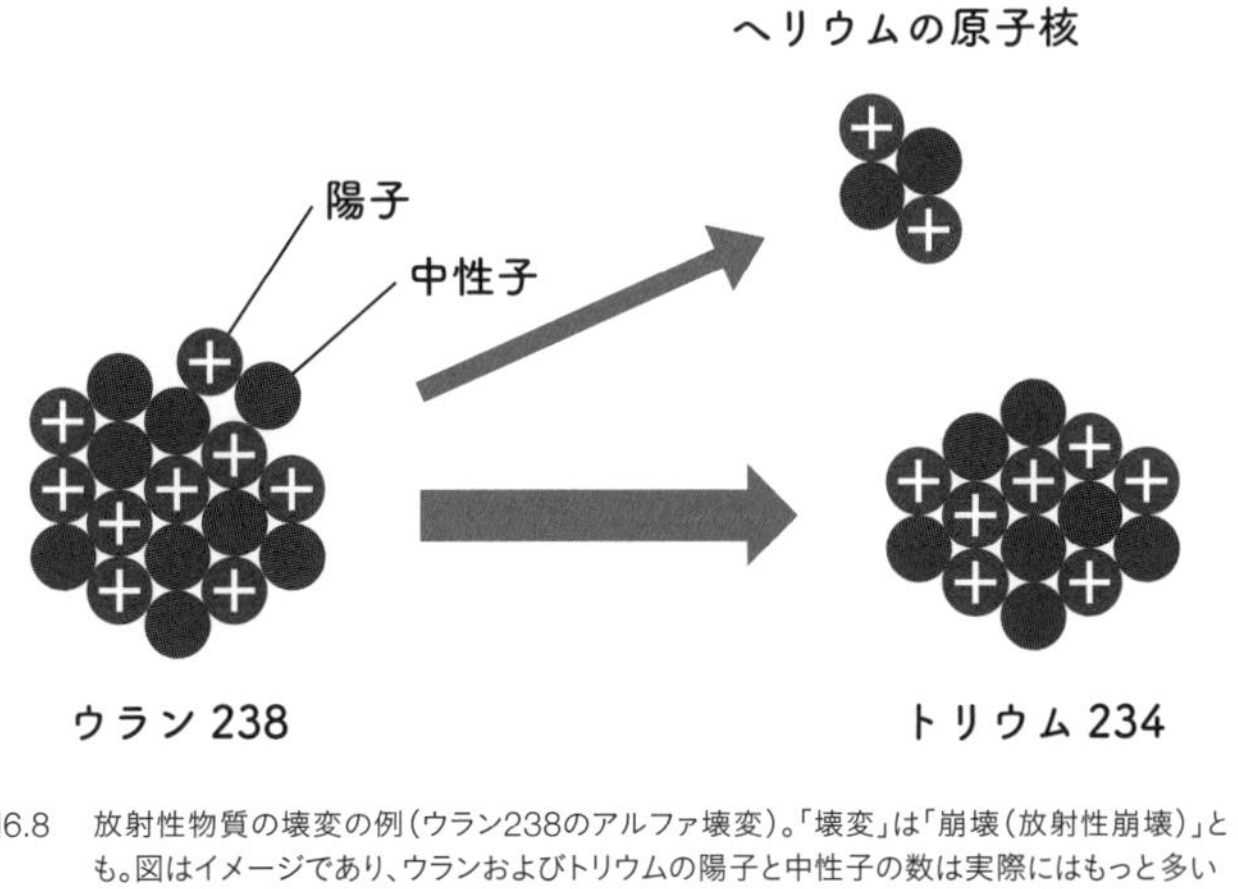

図6.8　放射性物質の壊変の例（ウラン238のアルファ壊変）。「壊変」は「崩壊（放射性崩壊）」とも。図はイメージであり、ウランおよびトリウムの陽子と中性子の数は実際にはもっと多い

CHAPTER

7

子どもに
聞かれそうな
素朴な疑問

地球の歴史が46億年ってどうやってわかったの？

隕石の年代を調べることで地球誕生の時期を推定

多くの科学者が、地球誕生の時期を45～46億年前と考えています。「約46億年」という数字は、隕石の形成年代を調べることで明らかになりました。調べられた隕石は、アメリカ・アリゾナ州のディアブロ渓谷で発見された「キャニオン・ディアブロ隕石」（図7・1）。この隕石は、巨大衝突クレーターとして知られるバリンジャー隕石孔をつくった隕石のかけらで、ほぼ鉄とニッケルからなる金属の塊です（90％以上は鉄）。1950年代に「放射年代測定」という方法でこの隕石の形成年代を調べたところ、45～46億年という値が得られました。

隕石は、太陽系の形成初期にできた岩石や金属の塊です。それらが宇宙空間で衝突しながら集まって微惑星になり、さらに成長して地球ができたわけなので、隕石はいわば「地球の材料」といえます。そんな地球の材料の形成年代が約46億年とわかったことから、地球誕生の時期もそれからそう遠くない時期であろうと推定できたわけです。

年代測定法の発達と測定データの蓄積により、現在では地球誕生の時期を

図7.1　キャニオン・ディアブロ隕石の標本のひとつ。右下の立方体はスケールで、一辺が1cm（写真：Shutterstock）

より正確に見積もれるようになりましたが、1950年代に推定された値とそれほど大きな差はなく、今でもおおむね「地球の歴史は46億年」で通用します。

放射性元素のウランを「時計」として使った

キャニオン・ディアブロ隕石の形成年代を調べるのに使われた「放射年代測定」とは、放射性元素のウランを「時計」として使う年代測定法です。

ウランやトリウムなどの放射性元素は、放射線を出しながら徐々に他の元素へと変化していきます。これを「壊変」と呼びます。壊変の速度は放射性元素ごとに決まっていて、しかも、温度や圧力によらず、常に一定であることがわかっています。

例えばウランの場合、質量数238のウラン（ウラン238）は、何度か壊変を繰り返して、最終的に質量数206の鉛（鉛206）になります。そして、その変化の速度はというと、最初にあったウラン238の半分の量が鉛206になるまでにかかる時間が、約45億年。非常にゆっくりとした壊変です。なお、「質量数」とは、水素原子の何倍の重さかを示す値で、例えば、ウラン238ならば、水素原子238個分の重さのウランであることを意味します。ウランにはウラン238のほか、原子力発電の核燃料に使われるウラン235などがあります。

さて、砂時計の砂が落ちていくように、ウラン238も時間の経過とともに段々と減っていくわけですね。砂時計であれば、砂が全部落ちるのにかかる時間が決まっているので、何度ひっくり返したかでおおよその経過時間がわかります。ウラン238の場合もこれと同様に、半分になるまでの時間が決まっているので、それを元に経過時間を求めることができるのです。

ただし、この方法で直接キャニオン・ディアブロ隕石の形成年代を測定したわけではありません。測定したのは地球の岩石で、まずは「46億年」よりも新しい時代の岩石について、「どれくらいの経過時間で、どれだけ鉛206が増えたか」を丹念に調べました。地球の岩石にはもれなくウラン238が含まれているので、壊変によって鉛206が増えるのです。

そして、キャニオン・ディアブロ隕石には、ウランがほとんど含まれていないという特徴があります。ウラン238がなければ、鉛206は増えません。ということは、現在のキャニオン・ディアブロ隕石に含まれている鉛206の量は、隕石ができた当初からこの隕石に含まれていた鉛206の量ということになります。

鉛206が増えるペースは、ウラン238の壊変速度に依存して一定です。したがって、キャニオン・ディアブロ隕石の鉛206の量と、地球の岩石の鉛206の量（経過時間がすでに調べられている）を比較すれば、キャニオン・ディアブロ隕石の形成年代がわかるというわけです。

なお、ここでは「量」といいましたが、鉛206の絶対的な量（濃度）は、岩石によってまちまちなので、どれだけ増えたかを単純に比較することはできません。ここでいう「量」とは、鉛204に対する鉛206の存在比（相対的な量）のことです。

「岩石中の鉛」と一口にいっても、その内訳は、鉛204、鉛206、その他の質量数の鉛、が混ざったもので、岩石中の鉛のすべてが鉛206というわけではありません。そして、鉛204と鉛206の比率に関していえば、ウラン238の壊変によって鉛206が増えない限り、常に一定なのです。ですので、鉛204に対する鉛206の存在比であれば、異なる岩石どうしでどれだけ増えたかの比較が可能になります。

放射年代測定には、ウラン238を使う方法のほか、ルビジウム87、トリウム232、カリウム40、ウラン235を使う方法など、用途に合わせて多くの種類があります。1000万年を超えるような長い経過時間を測定する研究分野では、現在はルビジウム87を使う手法が主流になっていますが、キャニオン・ディアブロ隕石の形成年代が測定された1950年代には、ウラン238を使う方法が最良でした。

地球最古の岩石も「46億年」が正しいことを示している

隕石の形成年代から求められた「約46億年」という地球の年齢を裏付けるように、地球最古の岩石として、約40億年前の岩石が見つかっています。アカスタ片麻岩《へんまがん》と呼ばれるその岩石は、カナダ北部、北極海に面したノースウエスト準州のアカスタ川付近で発見された片麻岩で、黒と白の縞模様が特徴的です（図7・2）。成分は花崗岩とよく似ているものの、大昔の地殻変動によって高い圧力や温度にさらされ、縞々の岩石に変化しました。

岩石としてはアカスタ片麻岩が最古のものですが、岩石中の鉱物としては、さらに古い約44億年前のジルコン（ジルコニウムとケイ素と酸素からなる鉱物）も見つかっています。この最古のジルコンは、西オーストラリアのジャックヒルズという丘陵地に分布する礫岩《れきがん》から取り出された、とても小さな粒子。

図7.2　アカスタ片麻岩（写真：Gerald Corsi / iStock）

礫岩というのは、小石や砂利が集まってできた二次的な岩石であり、アカスタ片麻岩のようにマグマが固まってできた岩石とはちょっと異なります。最初にあった岩石が水の作用などで削られ、細かくなった岩石のかけらが別の場所に集積してできたわけなので、その中のジルコンの形成年代が44億年前といえども、礫岩そのものができたのはそれよりも後の時代ということになります。ジャックヒルズの礫岩ではなく、アカスタ片麻岩が最古の岩石だといわれるのは、こういう事情によります。

それにしても、44億年前の鉱物が地球上で発見されるなんて、驚きですね。地球誕生が46億年前だとして、最初はマグマの海に覆われたドロドロの世界だったので、岩石や鉱物などできていません。地球全体が液体の状態です。その後、温度が下がるにつれて岩石や海ができていきますが、安定した岩盤ができるまでにはある程度の長い期間が必要でした。それを考えると、地球で発見された44億年前の鉱物というのは、限りなく地球誕生の最初期に近いものだといえるのです。

オリンピックのメダルはなぜ金銀銅なの？

色のついた金属は金と銅だけ

オリンピックのメダルといえば、金、銀、銅ですね。金と銀は高価な金属なのでメダルの素材としてしっくりきますが、銅だけは、何だか安っぽい気がしませんか。プラチナなど高価な金属は他にもあるのに、なぜ銅が採用されて、金、銀、銅の3つになったのでしょうか。

その理由は、色にあります。単体で色のついた金属は、金と銅だけだから。

意外に思われるかもしれませんが、金と銅を除き、すべての金属は基本的に灰色なのです。明るい灰色か暗い灰色か、あるいは輝きが強いか弱いかの差はありますが、どれも似たり寄ったり。金や銅のように、明らかに金属の種類がわかるような色をしたものは他に見当たりません。

「じゃあ五円玉に使われている金属はどうなの？」と思うかもしれませんが、それは黄銅《おうどう》または真鍮《しんちゅう》と呼ばれる銅と亜鉛の合金で、単体の金属ではありません。また、銅の割合が60～70％あるので、大きなくくりで見れば黄銅も銅といえるでしょう。

銅は赤茶色をした金属なので、金、銀、銅が並ぶと互いの色の違いがはっきりとわかり、ひと目で、「これが金」とか「これが銅」と認識することができます。もしも銅の代わりにプラチナを入れて、高価な順に金、プラチナ、銀メダルにしたとしたら、プラチナメダルと銀メダルを見分けるのは容易ではありません。メダルを獲ったオリンピック選手が、首からプラチナメダルを下げているところを想像してみてください。「あれ、2位だったの？　それとも3位だったの？」となるでしょう。それでは困るので、メダルに採用される金属の色は、とても重要なのです。

それでは、金と銅以外に色のついた金属がまったくないかというと、無理やり探せばないことはありません。色が比較的わかりやすいものとしては、オスミウムという金属は単体で青白い色をしています（図7・3）。淡いメタリックブルーといった感じ。しかしながら、オスミウムは極めて希少な金属であるうえに、酸素と結合すると猛毒を示すため、メダルをつくるなんてとてもできません。産出量や毒性といった面から見ても、金と銅はメダルの素材として適した金属だといえるのです。

図7.3　オスミウム（写真：Shutterstock）

色がついて見えるのは、特定の色の光だけを反射するから

金と銅に色がついて見えるのは、光の反射特性によります。端的にいえば、金は光の成分のうちの赤色と緑色を比較的よく反射するため、赤と緑の混色で黄金色に見えています。また銅は、赤色をよく反射しつつ、そのほかの色も適度に反射するために、白っぽい赤茶色に見えています。

ここで少し、光の色について説明します。私たちが普段目にする光は、太陽光でも蛍光灯でも、白い光ですね。赤や緑といった色はついていないので、「○○色の光だけを反射する」などといわれてもピンと来ないかもしれません。じつは太陽光などの白い光には、虹の7色が混ざっているのです。

つまり、赤、オレンジ、黄、緑、青、青紫、紫の7色の光が混ざった結果、白い光に見えているということ。虹が虹色に見えるのは、空気中の水滴に当たった太陽光が色ごとに7色に分かれて反射するからです。

光が虹の7色でできていることは、虹色に見えるものが身近にたくさんあることでも実感できます。CDやDVDの表面の色、シャボン玉の色、油の浮いた水たまりの色、コガネムシやタマムシの翅の色、ダイヤモンドのきらめきの色、ビスマス人工結晶の色など、誰でもいくつかは虹色のものを思いつくのではないでしょうか。

もちろんこの7色、ビシッと分けられたストライプになっているわけではなく、その境界はあいまいで連続的に色が変化するので、「7色」というのは便宜的な色の数です。7色に分けて考えることで、金や銅の色を含め、物体がなぜその色に見えているかを理解しやすくなるのです。

もう一度、金と銅の色の話に戻りますね。金の場合、7色のうちの赤、オレンジ、黄、緑の光についてはよく反射しますが、青、青紫、紫の光はあまり反射しません。反射する4色が混ざることで、黄金色に見えます。一方で銅の場合は、赤やオレンジの光についてはよく反射しますが、黄、緑、青、青紫、紫の残りの5色はあまり反射しません。ただし、金とは異なり、銅の場合あまり反射しない5色についてもそれなりに反射するので、銅の色は全体的に白っぽい赤茶色になります。

これに対し銀は、赤から紫までの虹の7色全部をよく反射します。その結果、7色がまんべんなく混ざり、白っぽい灰色になるというわけですね（図7・4）。

金属中で最も輝きが強いのは銀

金、銀、銅の3種のうち、ようやく銀の話が出てきたので、銀についても少し詳しく見てみましょう。

金や銅がメダルの素材に選ばれたのは、色のついた金属が他にないからですが、銀に関しては、灰色の金属はそれこそ他にもたくさんあります。銀が選ばれたのは、昔から貴金属として使われてきた高価なイメージがあるからでしょうか。あるいは、同じような灰色の金属のなかでも、ひときわ明るく輝き、美しいからでしょうか。

そのどちらも理由として当てはまりますが、銀と同じような性質をもった金属が他にないわけではありません。ジュエリー用の貴金属として利用されているプラチナやパラジウムは銀よりも高価ですし、見た目も美しく、そのうえ、銀のようにすぐに錆びたりしないというメリットもあります。ですので、やはり産出量や利用の歴史、イメージなどを含めた総合的な結果として、銀がメダルの素材に選ばれた

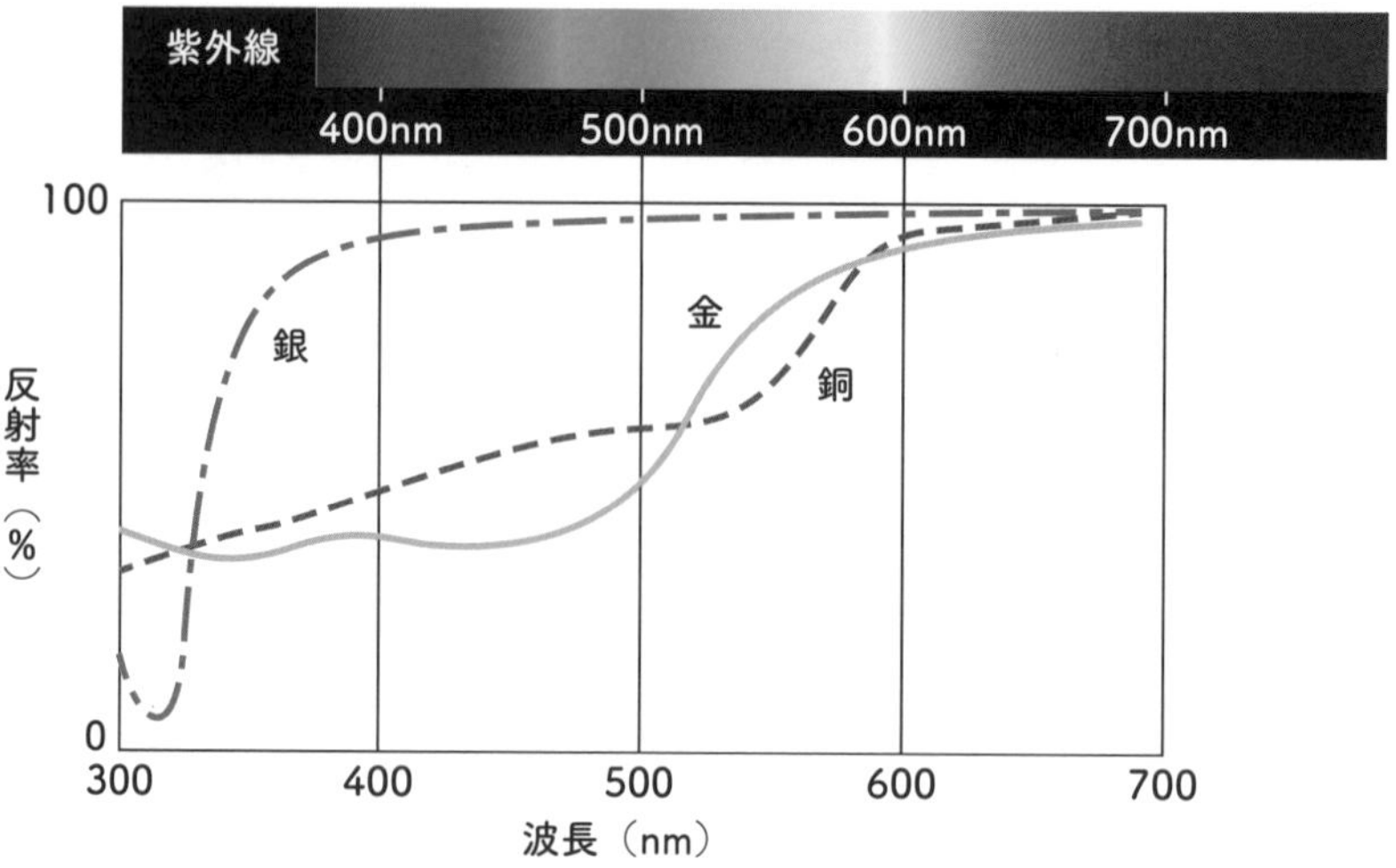

図7.4　金、銀、銅が光を反射するときの、光の波長（nm：ナノメートル）と反射率の関係。波長は光の色に対応していて、その対応関係を示したものが図上の虹色の帯。反射率が高いほど、その波長（色）の光をよく反射することを示している。なお、紫色（波長約380nm）よりも波長が短くなると可視光線の領域から外れ、色をもたない光（紫外線）となる（佐藤勝昭ホームページ「金属の色の物理的起源」より作成）

と考えたほうがいいでしょう。

なお、光の反射の度合いでいえば、数ある灰色の金属のなかでも銀がナンバーワンです。というより、金や銅も含めて、すべての金属中でナンバーワン。銀は最も光をよく反射する金属なのですね。だからこそ、あのように美しい輝きを放つのです。

参考文献

◎佐藤勝昭『金属の色の物理的起源』（東京農工大学）
http://home.sato-gallery.com/education/kouza/metal_color_seminar.pdf

砂浜の色はどうして白か黒なの？

元になった岩石の種類で色が決まる

砂浜の色といえば、多くの人が白かベージュを思い浮かべると思います。海水浴に行った真夏のビーチも、白砂青松《はくしゃせいしょう》の観光地も、だいたい似たような白っぽい色ですね（図7・5）。

あるいは、黒や灰色の砂浜を思い浮かべる人もいるかもしれません。サーフィンで有名な神奈川県の湘南海岸は、黒っぽい色をしています（図7・6）。

このように、砂浜の色が白か黒、あるいはその中間の灰色をしているのは、砂の元になっている岩石の色がおおむね白と黒の2種類だからです。岩石名でいえば、白が花崗岩、黒が玄武岩。どちらもマグマが冷え固まってできた岩石で、地球の表面近くで最も多く見られるありふれた岩石です。

白い砂浜の元になっている花崗岩は、全体的に白っぽい岩石ですが、ごま塩のように黒いつぶつぶも含んでいます。白い部

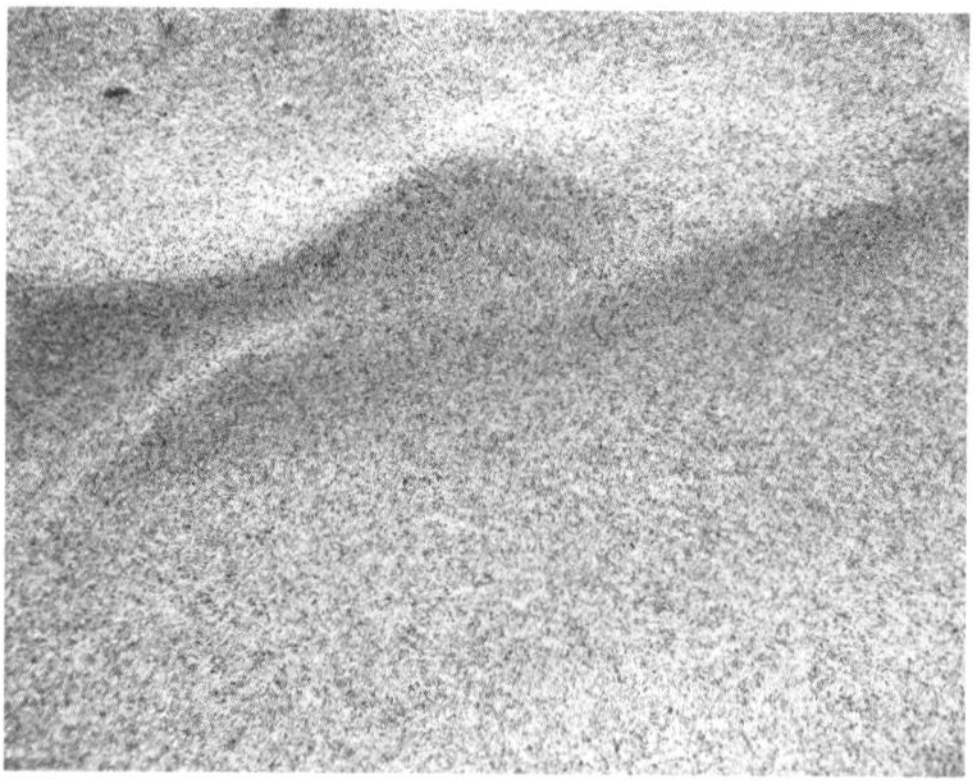

図7.5　日本の白い砂浜の例。京都府琴引浜。砂の供給源はおもに花崗岩（写真：モウ / PIXTA）

分は石英および長石という鉱物で、黒いつぶつぶは黒雲母など。この花崗岩が風化作用によって細かく砕け、川の流れによって海まで運ばれ、そこで集積して白い砂浜になるわけです。

黒雲母や長石は風化作用でなくなりやすい

さて、ごま塩のような白黒の花崗岩が白い砂浜になると聞いて、ひとつ疑問が浮かびます。それは、「黒いつぶつぶはどこに行ったのか」ということ。白黒の花崗岩がそのまま砂になれば、砂も白黒になるはずですよね。でも実際には、白かベージュ。

黒いつぶつぶである黒雲母などの鉱物は、じつは風化作用を受けやすく、白い鉱物よりも先に溶けてなくなってしまうのです。もう少し正確にいえば、水と反応することで粘土鉱物に変化したり、水に溶けたりする。ですので、川の流れに乗って海まで運ばれる頃には、ほとんどの黒いつぶつぶはなくなってしまいます。

このような風化作用の受けやすさの違いは、白い鉱物どうし、すなわち石英と長石の間にも見られます。石英と長石を比べた場合、長石のほうが風化作用を受けやすく、黒雲母ほどではありませんが、どちらかというと長石も溶けてなくなりやすい鉱物なのです。そのため、風化作用が進めば進むほど、花崗岩からできた砂のなかには石英が多く残ることになります。

石英は透明感のあるガラスのような鉱物ですが、長石は不透明。そのうえ、長石の白色はベー

図7.6　日本の黒い砂浜の例。神奈川県湘南海岸（稲村ヶ崎付近）。砂の供給源はおもに玄武岩（写真：Katsuaki Watanabe）

ジュに近い場合も多く、白色の度合いとしては石英に劣ります。ですので、風化作用が進んでほとんど石英ばかりになった砂浜はとても白く、一方、長石がまだたくさん残っている砂浜はベージュの砂浜になります。

また、ベージュの砂浜については、ほのかに鉄さび色が混じっていることもあります。黒雲母に含まれる鉄成分が風化作用によって水に溶け出し、長石など他の鉱物粒子の表面に赤茶色の鉄さびを付着させるからです。

ただし、この鉄さびは肉眼で見えるようなはっきりとしたものではなく、非常に細かくて、うっすらと表面にくっついているような状態。これによって白い砂つぶがほんのりと赤茶色に色づいて、肉眼で見るとベージュになるというわけです。

白やベージュの砂浜は、このようにして、花崗岩という白っぽい岩石が元になってつくられています。

同じ白でも、沖縄の砂浜はちょっと違う

ところで、白い砂浜にはもうひとつ、サンゴや貝殻が元になってできるものもあります。代表的なのは沖縄の砂浜（図7・7）。

沖縄には「琉球石灰岩」と呼ばれる白い岩石が広く分布しています。琉球石灰岩とは、細かく砕けたサンゴのかけら（骨格）がサンゴ礁の周囲に集積し、長い年月の間に固まってできたものです。

沖縄の砂浜には、花崗岩やそのほかの岩石ではなく、この琉球石灰岩が細かく砕けた砂が集積して

います。つまり、元を辿《たど》ればサンゴということ。

また琉球石灰岩に姿を変えた「元サンゴ」だけでなく、現在進行形で集積しているサンゴのかけらも砂浜には多く含まれていますし、サンゴと一緒に貝殻のかけらも混じっています。さらに、「星の砂」として知られるトゲトゲの形状をしたベージュ色の砂つぶは、有孔虫という微生物の殻でできています。

いろいろな種類を挙げましたが、成分はすべて炭酸カルシウムという同じ物質。これらが沖縄の白い砂浜をかたちづくっているわけですね。

図7.7　沖縄の白い砂浜の例。沖縄県瀬底島。サンゴや貝殻のかけらでできている（写真：photolibrary）

黒い砂浜の元は溶岩

さて、続いて黒い砂浜の起源についても見てみましょう。冒頭で少しだけ出てきましたが、黒や灰色の砂浜は、玄武岩という黒い岩石が元になってできています。玄武岩というのは、ハワイやアイスランドのような火山島でよく見られる黒い溶岩。日本では伊豆大島の火山が典型的ですが、じつは日本最高峰の富士山も玄武岩でできた火山です。

同じ玄武岩でも、ハワイの火山は、流れ出た溶岩によってできた山であるのに対し、富士山は、流れ出た溶岩と勢いよく飛び散った噴石が交互に積み重なってできた山。そのため、見た目が大きく異なり、富士山はご存じの通り高くそびえる姿になりました。

富士山が玄武岩でできた山ということで、その辺りから流れ降った砂が集積する海岸には、黒っぽい砂浜が広がります。湘南海岸の黒い砂浜も、まさにそのようにしてできました。

また、玄武岩とよく似た岩石で、安山岩という黒〜灰色の岩石もあります。安山岩は日本の火山で多く見られる溶岩なので、こちらも黒っぽい砂浜の元になっていることがあります。

そして、場所によっては花崗岩の砂つぶと玄武岩・安山岩の砂つぶが混ざることになるので、そういった場所では灰色の海岸ができあがります。こうして砂浜の色は、基本的にはどこも白か黒、あるいは灰色になってしまうというわけです。

とはいうものの、砂浜は決してモノクロの世界ではありません。たしかに大まかにいえば白か黒ですが、よく見ると砂の色合いは非常に変化に富んでいて、場所が変われば同じ色合いは2つとないのです。なかには黄色、オレンジ、ピンク、暗い緑などカラフルな砂つぶが混じっていることも(図7・8)。砂浜にお出かけの際は、ぜひ手ですくって、砂つぶひとつひとつをじっくりと眺めてみてください。白い砂浜でも黒い砂浜でも、きっといろいろな色の砂つぶが見つかるはずです。

図7.8　京都府琴引浜の砂のクローズアップ写真(写真:Katsuaki Watanabe)

石焼き芋は、なぜ石を使うの？

じっくり加熱することで甘みが増す

冬の風物詩のひとつ、石焼き芋。石焼き芋屋さんは、なぜ石で芋を焼くのでしょうか。電子レンジでもなく、オーブンでもなく、炭火焼きでもなく、なぜか加熱したアツアツの石の上に芋を載せて焼いていますね。その理由は、温度と焼き時間にあります。

加熱した石からは、目には見えない遠赤外線（波長の長い赤外線）がたくさん出ています。そして、遠赤外線には熱を伝える性質があるため、それによって芋の表面が温まります。ただし、遠赤外線は芋の中までは届かないので、温まった表面から内部へと、じっくり熱が伝わっていくことになります。このような方法だと、40～75℃という比較的低い温度で、2時間ほどかけてじっくりと芋を焼くことができます。

この適度な加熱温度と焼き時間の長さが、石焼き芋の特徴です。長い時間をかけてじっくりと焼くことで、サツマイモの中に含まれるデンプンがより多く分解され、麦芽糖という甘味成分がたくさんつくられるのです。

デンプンはお米にもジャガイモにも含まれていますが、サツマイモにはそれに加えて、アミラーゼという、デンプンを分解するための成分（酵素）が含まれています。つまり、サツマイモを加熱するとデンプンがアミラーゼによって分解され、甘い麦芽糖がつくられるというわけです。

そして、アミラーゼは90℃以上になると壊れ、デンプンを分解する能力を失ってしまうので、それより低い温度で長い時間加熱するのが甘みを増やす秘訣《ひけつ》です。先述の通り、石を使うと40~75℃という低めの温度でじっくりと焼けるので、長時間にわたってデンプンが分解され、甘い麦芽糖が芋の内部に蓄積されるのです。しかも、じっくりと焼くことで芋の水分が適度に失われ、麦芽糖が濃縮されるため、より甘く感じられるようになります。

電子レンジなどのその他の調理方法では、短時間で90℃以上に達してしまうため、デンプンが少ししか分解されず、麦芽糖の量が増えません。また、水分の蒸発も少ないので、石焼き芋に比べてやや水っぽく感じられます。

よく使われる石は戸室石や那智黒

ところで、石焼き芋屋さんはどんな種類の石を使って芋を焼いているのでしょうか。よく使われている石は、石材名でいうと、戸室石《とむろいし》、那智黒《なちぐろ》、大磯《おおいそ》などです。それぞれどんな種類の岩石か、簡単に紹介します。

戸室石は、石川県金沢市の戸室山周辺で採取される石材で、岩石の種類は安山岩。マグマが固まった石ですね。青緑色の「青戸室」と、明るい赤褐色の「赤戸室」の2種類があり、お城の城壁や庭石などに利用されています（図7・9）。

那智黒は、和歌山県の那智地方や三重県の熊野地方で採れる黒色の石材で、岩石の種類は粘板岩。

泥が緻密に固まった岩石です。真っ黒で、磨くと光沢が出る美しい石であるため、黒の碁石や硯石《すずりいし》として利用されています（図7・10）。

大磯は、石というより砂利につけられた石材名で、もともとは神奈川県の大磯海岸で採取される粒の大きい砂利のことを指していました（図7・11）。全体に暗い青緑色の砂利で、岩石の種類としては凝灰岩。火山灰が固まってできた岩石です。現在は大磯海岸産のものではなく、フィリピンなど海外産のものが主流になっており、観賞魚用の水槽の底に敷く砂利として利用されています。

これらの石が石焼き芋を焼くのに使われるのは、石焼き芋屋さんの経験によるところが大きく、

図7.9　戸室石の石垣（金沢城）（写真：photolibrary）

図7.10　那智黒（写真：rogue / PIXTA）

図7.11　大磯海岸の砂利（写真：Ogasawara-Photo / PIXTA）

例えば「遠赤外線が出やすいから」などの科学的な根拠は特にありません。岩石の種類によって遠赤外線の出やすさが少しずつ異なることは確かですが、石焼き芋屋さんにとっては、「どんな石を使うか」よりも「その石を使ってどう美味しく焼くか」のほうが重要なのだそうです。

選ばれるのは加熱しても割れにくい石

とはいうものの、石なら何でもいいというわけではありません。石焼き芋を焼くためには石をアツアツに加熱しなければならないので、安全性の観点から、加熱したときに割れにくい石が好まれます。調理中に石が割れて破片が飛び散ったら、つくる人もお客さんも危険ですから、これは大切なポイントですね。

また、石焼き芋を焼くのに使われる石は、どれも角がとれて丸みを帯びた形の、小さめの石ころです。粒の大きさはだいたい1～2・5㎝くらい。芋に傷がつきにくかったり、芋焼き器に敷き詰めやすかったりするのでしょう。

どんな理由にせよ、丸みを帯びた小さめの石が好まれるということは、つまり、加工のしやすさも考慮する必要があるということです。その点からいえば、「大磯」は海岸で採れる砂利なので、最初から小粒で丸みを帯びており、石焼き芋に向いていることになりますね。

そのほか、価格や手に入りやすさなども考慮しつつ、それぞれの焼き芋屋さんが好みの石を選んでいるといえそうです。

参考文献

◎ 尾谷賢『天然物の遠赤外放射特性』（北海道立工業試験場報告２９３、１９９４）
https://www.hro.or.jp/list/industrial/research/iri/joho/reports/293/0302TD0160.pdf

珪藻土バスマットの「珪藻土」ってどんなもの？

珪藻土は微生物の殻が集積した白い土

お風呂上がりの足元をサラサラに保つ、珪藻土バスマット。ぬれた足で踏んでも水気をサッと吸い取ってくれるので、いつも快適です。このバスマット、普通のタオル地のバスマットとは質感がかなり違っていて、何だか硬くて重いですね。その理由は、名前の通り「珪藻土」という土でできているからなのですが、珪藻土とはいったいどんな土なのでしょうか。

珪藻土は、「珪藻」と呼ばれる水中微生物の殻が大量に集積してできた白っぽい土です。おもな成分は二酸化ケイ素で、ガラスとほぼ同じ。

二酸化ケイ素でできた鉱物には石英がありますが、「石英の細かい粒が集積した土」というわけではありません。結晶化している石英に対し、珪藻の殻は結晶化していないため、ちょっと違うのです。石英よりは、やはりガラスに近い物質。さらにいえば、単純なガラスの粉末よりも複雑な構造をしていて、それゆえに水気をサッと吸い取ってくれるのですが、その話はまたのちほど。

さて、珪藻土は「水中微生物の殻」といいましたが、ガラスのような殻をもった微生物なんて、ちょっと想像しにくいのではないでしょうか。水の中にすむ微生物といえば、理科の教科書に出てくるミカヅキモやゾウリムシが頭に浮かびますが、何だかやわらかそうで、殻をもっているようには見えません。

ところが、ガラスの殻をもつ微生物、つまり珪藻は、どこにでもいるとてもメジャーな水中微生物なのです（図7・12）。動物プランクトンか植物プランクトンかで分ければ、珪藻は植物プランクトン。細胞内に葉緑体をもっていて、光合成をしています。

珪藻は非常にたくさんの種類（2万種以上）が知られており、世界中の海、湖、川に生息していて、最も大量に存在する植物プランクトンといわれています。光合成によって大気中に酸素を供給してくれているわけですが、その能力は熱帯雨林の行なう光合成の量に匹敵するとのこと。これだけ多くいるのですから、珪藻の殻が大量に集積して土ができたとしても、それほど不思議ではありません。

また、「大量」といえば、赤潮と呼ばれる、微生物の大量発生がしばしば起こり、漁業などに深刻な影響を及ぼしていますが、赤潮の原因も珪藻です。

多数の細かい穴があいたガラスの殻

ガラスの殻をもつ微生物と聞くと、何だかとても美しいイメージが浮かびませんか。ガラス細工のように繊細で、透明な殻をもつ微生物たち。そのイメージを裏切ることなく、珪藻の殻はとても美しい姿をしています。肉眼では小さすぎて見えないのですが、倍率の高い電子

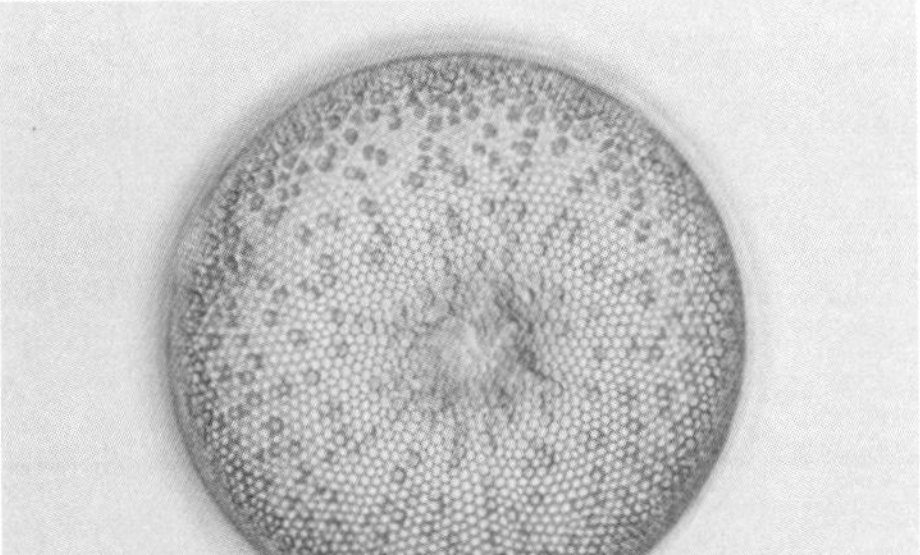

図7.12　珪藻の一種、コアミケイソウ（*Coscinodiscus* sp.）の光学顕微鏡写真。珪藻はガラスのような殻をもつ水中微生物で、この殻が珪藻土の主体となっている（写真：papa88 / PIXTA）

顕微鏡という顕微鏡で見てみると、たくさんの細かい穴が放射状に並んでいて、その繊細な構造はまるで芸術作品のようです。ヒマワリの花をじっくり見たことがあれば、花の中心の茶色い部分の様子をちょっと思い出してみてください。無数の種子が何ともいえない規則性をもって並んでいるのですが、珪藻の殻にあいた多数の穴もあのような感じです（図7・13）。本当に美しく、感動的な姿。

珪藻の大きさは、だいたい1㎜以下です。小さいものだと100分の1㎜ほど。こんなに小さな生物の殻に多数の穴があいているのですから、どれほど小さい穴なのか想像できると思います。ちなみに数字で示すと、穴の直径は1000分の1㎜～1万分の1㎜程度です。

じつはこの微細な穴が、珪藻土バスマットの驚くべき吸水性の秘密なのです。多数の穴があいているので水がしみ込みやすく、ぬれてもすぐに表面が乾くため、珪藻土バスマットはいつもサラサラで快適というわけです。

冒頭で、「珪藻土はガラスに近い物質でありながら、単純なガラスの粉末とは違う」というお話をしましたが、どこが違うか、もうおわかりですね。成分は同じ二酸化ケイ素でも、珪藻土は多数の細かい穴があいた複雑な構造をしているのです。

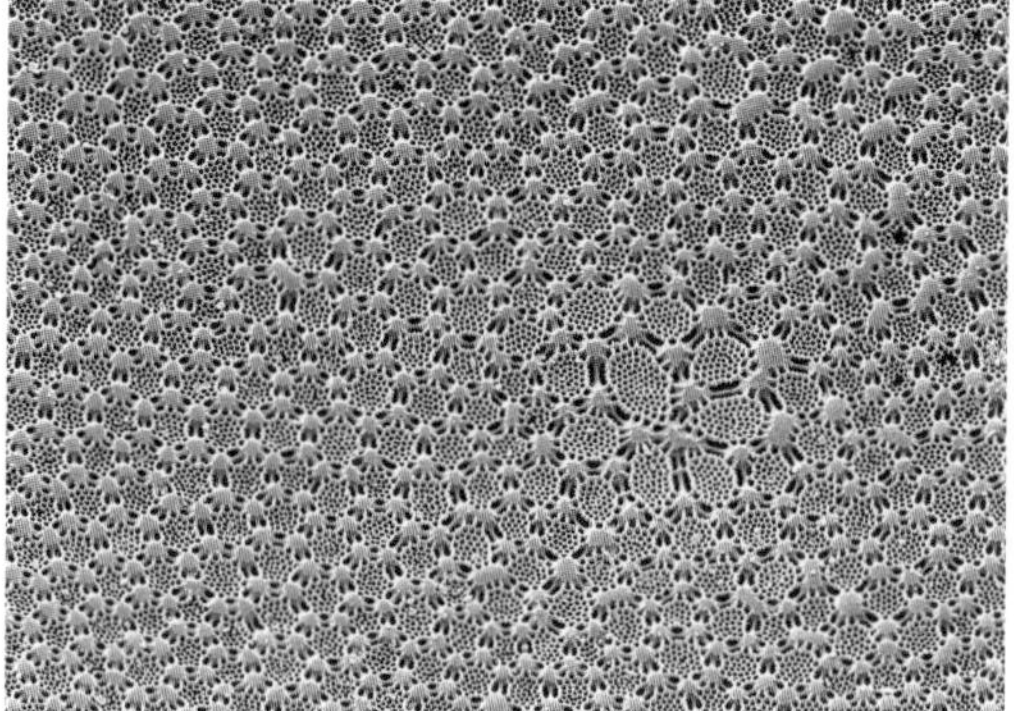

図7.13　珪藻の一種、コアミケイソウ（*Coscinodiscus* sp.）の電子顕微鏡写真。殻の一部をクローズアップしたもの。撮影範囲は左右0.06 mm（写真：アフロ）

珪藻土ができるには陸からの土砂が少ないことが条件

珪藻土は土なので、鉱物資源と同じように地面を掘るなどして採っています。日本で珪藻土の採掘が行なわれているのは、北海道、秋田県、石川県、岡山県、大分県など。東日本の珪藻土は海で集積したもので、西日本の珪藻土は湖で集積したものという違いはありますが、珪藻土の基本的なでき方はどちらも同じです（図7・14）。

まず珪藻土ができるには、珪藻が大量発生しなければなりません。場所としては、穏やかな海（湾の中）や湖が適しています。赤潮のように珪藻が大量に発生した場合、海面あるいは湖面近くは珪藻で覆われます。

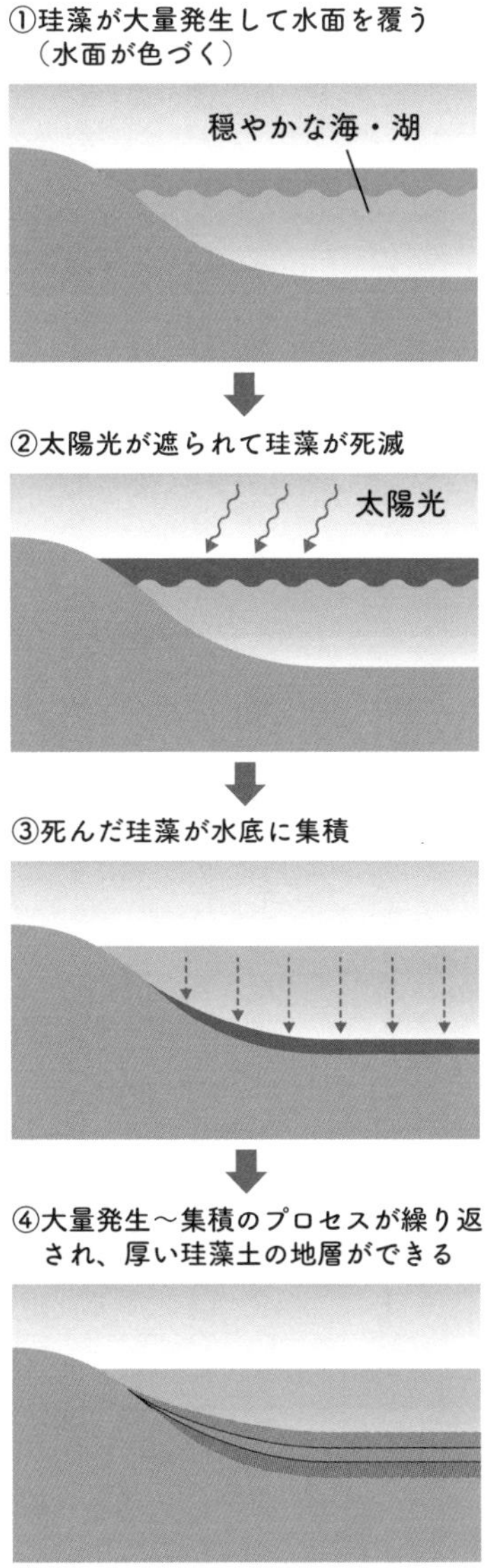
①珪藻が大量発生して水面を覆う
（水面が色づく）
穏やかな海・湖
②太陽光が遮られて珪藻が死滅
太陽光
③死んだ珪藻が水底に集積
④大量発生～集積のプロセスが繰り返され、厚い珪藻土の地層ができる

図7.14 珪藻土のでき方

珪藻が増えると海面が色づくので、そのうち太陽光が遮られて海中に光が届かなくなります。太陽光が遮られれば光合成ができなくなり、その結果、増えすぎた珪藻たちは死滅することに。

死んでしまった大量の珪藻は海や湖の底に沈んでいき、そこで集積して化石になり、二酸化ケイ素でできた硬い殻だけが地層として残ります。珪藻の大量発生は繰り返し起こるため、穏やかな海の底や湖の底には、このような珪藻の殻でできた地層がどんどん積み重なっていきます。こうしてできた土が、珪藻土というわけです。

ただし、ここでひとつ大事な条件があります。それは、珪藻が集積する間に陸からの土砂の流入がないこと。

珪藻が大量発生しやすい穏やかな海（湾の中）や湖というのは、陸地に近いわけです。これはつまり、陸地からの土砂の流入が起こりやすいということ。珪藻が海の底や湖の底に集積していく間に、一緒に土砂も流れ込んできたら、その場所では珪藻土ではなく「珪藻の殻を多く含んだ普通の土」ができるだけです。

もちろん珪藻土にも不純物は混じっていますが、それでもほぼ１００％珪藻の殻だけでできているからこそ、珪藻土バスマットに見られるような優れた吸水性を実現できるのです。「珪藻の殻を多く含んだ普通の土」程度では、バスマットはとてもつくれません。

というわけで、穏やかな海や湖でありながら、かつ陸地からの土砂の流入が少ない場所でないと品質のよい珪藻土は生まれないのです。世界中どこにでもいる珪藻ですが、珪藻土として見るならば、採掘量の限られた貴重な天然資源だといえますね。それゆえに、珪藻土バスマットには残念ながら粗悪品もあるようで、製品を選ぶ際には注意が必要です。

珪藻土とアスベストはまったく別の素材

珪藻土バスマットにアスベスト（石綿）が混入しているとして、メーカーなどによる回収が行なわれたことがありました

アスベストとは非常に細かい針状《しんじょう》の鉱物のことで、鉱物学的にはいくつかの種類に分かれますが、産業的に最も多く使われているのはクリソタイル石《せき》（蛇紋石の一種）です（図7・15）。

以前は、ビルなどの内装工事で保温・断熱を目的としたアスベストの吹きつけが行なわれていましたが、粉塵を吸い込むことによる健康被害が明らかになり、原則として使用が禁止されました。現在では、屋根や外壁用のスレート材、ブレーキパッド、防音材、断熱材など、従来アスベストを使っていたあらゆる製品について、0・1％を超えてアスベストを含むものが市場に出回らないよう厳しく規制されています（2006年9月以降、製造、輸入、譲渡、提供、使用を禁止）。

しかし、海外から輸入される製品や、あるいは国内の製品であっても禁止前に仕入れた原材料でつくられたものについては、規制から漏れているケースがあります。アスベストの混入が指摘された珪藻土バ

図7.15　クリソタイル石（写真：Shutterstock）

スマットも、海外からの輸入品であったり、比較的古い原材料でつくられた製品だったようです。

ただ、珪藻土そのものにアスベストが含まれているわけではありませんし、珪藻土とアスベストはまったく別の素材なので、珪藻土100％の珪藻土バスマットであればアスベストの混入はあり得ません。問題となるのは、「珪藻土」と思って仕入れた原材料がじつは粗悪品で、アスベストを含む別の材料で水増しされていたとか、そもそも珪藻土100％ではなく、珪酸カルシウムか何かに珪藻土を混ぜてつくった純度の低い珪藻土バスマットだった、のような場合です。

原材料が粗悪品である場合、バスマットを製造するメーカーがそれを見抜いて排除するのは至難の業です。信頼できる会社から原材料を仕入れるしかありません。一方、珪藻土100％ではない珪藻土バスマットは、消費者のほうで避けることが可能です。

アスベストと聞いて不安になる人も多いかと思いますが、メーカーのホームページで原材料へのこだわりを確認したり、製品を購入するときに珪藻土の含有量を確認したりするなどして、消費者自らが安全な製品を選択するようにしていきたいですね。そのために本書のような科学本の知識が役に立てばとても嬉しく思います。

参考文献

◎ 厚生労働省『石綿（アスベスト）含有品の流通とメーカー等による回収について』（2020年11月27日）
https://www.mhlw.go.jp/stf/newpage_15093.html

『君が代』に出てくる「さざれ石」ってどんな石？

もともとの意味は「小さな石」

君が代は　千代《ちよ》に八千代《やちよ》に　さざれ石の
巌《いわお》となりて　苔のむすまで

日本の国歌『君が代』に、「さざれ石」という言葉が出てきます。漢字を当てると「細石《さざれいし》」で、文字通り「細かい石」、すなわち小さな石（小石）のことを指します。

歌詞を見てみると、「さざれ石の　巌となりて　苔のむすまで」とありますね。「巌」は、表面がごつごつした高く大きな岩。なので、この部分の歌詞は、「小さな石が大きな岩となり、表面にたくさんの苔が生えるまで」という意味になります。

「小さな石が大きな岩になる」といっても、小石がボリュームアップして大きな岩ができるわけではありません。小さな石が「集まって」大きな岩になる、という意味です。小石や砂利が集まって固まり、硬い石になったものを、地質学では「礫岩《れきがん》」と呼んでいます（図7・16）。

海や川底に集積した小石が礫岩になるには、長い長い年月が必要です。一般に礫岩ができるには、小石や砂利が厚く積み上がることで、下のほう（より深い場所）の小石や砂利が上からの荷重でギュウギュウに押さえつけられる必要があるので、とても長い時間がかかるのです。

さらにそこから、『君が代』の歌詞のように「巌」として人の目に触れるようになるには、地下深くでできた礫岩が地殻変動によって陸上に姿を現し、表面が川の流れや海の波によって削られ、ごつごつした高くそびえる岩にならなければいけません。

そして、「苔のむすまで」というのですから、今度は周囲の地形の変化によって川の流れや海の波からも切り離され、山の中などにひっそりとたたずむ岩になる必要があります。川や海が近いと岩の表面がどんどん削られていくため、苔がたくさん生えるような状況にはならないからです。このようにしてようやく、表面が苔むした巌ができるというわけです。

いかがでしょうか。小さな石である「さざれ石」が苔むした巌になるまでには、人の一生と比べれば悠久ともいえる長い年月が必要です。これほどの長い時間、「君が代」が幾千代にもわたって続きますように、というのが歌詞の全体的な意味になります。「君が代」を狭い意味で解釈すれば「天皇の治世」ですが、現在では私たちの国を指す言葉として、「天皇を国家の象徴とするこの日本の平穏が、いつまでも続きますように」という意味で歌われています。

図7.16　日本で産出する礫岩の例。長野県松本市四賀地域の豆岩（写真：Taka / PIXTA）

石灰質角礫岩の俗称としての「さざれ石」

先述の通り、『君が代』の歌詞に出てくる「さざれ石」は「小さな石」という意味ですが、この歌詞に由来して、「さざれ石」という俗称で呼ばれる特定の岩石があります。小さな石が固まってできた礫岩の一種で、詳しい岩石名は「石灰質角礫岩」といいます。つまり、歌詞に出てくる「さざれ石の巌」に相当する岩石に、「さざれ石」という俗称がつけられているわけです。

石灰質角礫岩とは、大小さまざまな石灰岩のかけらが集まって、その隙間をセメントのような成分が埋めている岩石です（図7・17）。石灰岩はセメントのおもな原料なので、石灰岩の瓦礫が集積している場所では、雨で溶け出したセメント成分が瓦礫の隙間にしみ込み、やがて固まって、いわば天然のコンクリートができあがるのです。

「石灰質角礫岩」の「石灰質」は、集積した小石が石灰岩のかけら（石灰質の岩石）であることを意味し、「角礫」とは、その小石が角ばっていることを意味しています。「礫」は小石のことだから、「角礫＝角ばった小石」ですね。

このような特徴をもつ礫岩（石灰質角礫岩）を、巌になったさざれ石に見立てて、「さざれ石」と呼ぶようになりました。

図7.17　石灰質角礫岩の例。岐阜県揖斐川町《いびがわちょう》　伊吹山産（写真：photolibrary）

国歌発祥の地、伊吹山の「さざれ石」

岐阜県と滋賀県の県境に位置する伊吹山《いぶきやま》のふもとに、「さざれ石公園」という名前の公園があります。そこには「国歌君が代発祥の地」と彫られた石碑とともに、横幅6mほどの巨大な石灰質角礫岩が据え置かれています。

伊吹山は石灰岩でできた山で、そのふもとには石灰岩のかけらが瓦礫となって集積しており、先ほどお話ししたようなセメント成分の溶け出しによって石灰質角礫岩が生まれました。「さざれ石」と呼ばれる岩は、神社の境内など日本全国に設置されていますが、最も広く知られている「さざれ石」は、ここ伊吹山の石灰質角礫岩です。

伊吹山の石灰岩は、約2億9000万年前〜2億5000万年前という大昔にできたものです。恐竜が現れるよりもずっと前の時代で、地質時代の名前でいうと、古生代のペルム紀にあたります。その頃、陸では植物と両生類が繁栄し、海ではサメの仲間が泳ぎまわったり、海底を三葉虫が這ったりしていました。

そんな大昔の石灰岩が、長い年月をかけて日本の伊吹山となり、そのふもとに積もった石灰岩のかけら（小石）が石灰質角礫岩（巖）となり、苔むした姿で「さざれ石公園」に据え置かれています。たしかに、国歌に詠まれている「さざれ石の巖」のモデルとしては、歌詞の意味にぴったりの経歴ですね。

ところで、この石灰質角礫岩は、一般的な礫岩とはでき方がかなり異なります。冒頭で少し述べたように、より一般的な礫岩は、海や川底に集積した小石が地下深くに埋もれてできるタイプのものです。小石（礫）の種類はさまざまですが、ほとんどが石灰岩ではありません。固まり方も、セメント成分が小石の隙間を埋めて固まるわけではなく、上からの重みで押しつぶされながら、隙間に詰まった砂や粘土と一緒に圧力で固められます。また、小石（礫）の形に着目しても、角ばったものというよりは、川の流れで運ばれるうちに角がとれ、丸みを帯びたものが主流です。

実際のところ、日本各地に設置されている「さざれ石」と名づけられた岩のなかには、石灰質角礫岩ではない普通の礫岩もあります。また、石灰質角礫岩であっても、伊吹山から運ばれたものではなく、他の産地の石灰質角礫岩である場合もあります。

国歌に詠まれている「さざれ石の巌」のモデルは伊吹山の石灰質角礫岩ですが、とはいえ、それ以外の礫岩を「さざれ石」と呼んだとしても、意味としては十分に通じますね。小石が大きな岩となる地質現象を想像しながら、『君が代』の歌詞の意味を深く味わっていただけたらと思います。

参考文献

◎ 産総研地質調査総合センター『地質で語る百名山　伊吹山』
https://www.gsj.jp/Muse/100mt/ibukisan/index.html

関東ローム層の「ローム」って何？

本来の意味は「砂っぽい土壌」

赤褐色（赤茶色）または黄褐色の火山灰土壌として有名な関東ローム層（図7・18）。関東地方の台地や丘陵を広く覆うローム層ということで、「関東ローム層」と呼ばれているわけですが、「ローム」とはどういう意味かご存じでしょうか。

関東ローム層が火山灰土壌であるために、日本では「ローム」という言葉が火山灰土壌の代名詞として定着しています。しかし、もともとは土壌学における土壌粒子の集まり具合（粒の大きさ）を表す言葉で、その土壌が「何でできているか」とは無関係の言葉でした。

土壌学における「ローム」が意味するのは、「砂とシルト・粘土がほどよく混じり合った土壌」です。簡単にいえば、普通の土壌よりも砂っぽい感じの土壌のこと。

シルトとはいわゆる泥のことですが、土壌学では、大きさが

図7.18　千葉県銚子市屏風《びょうぶ》ヶ《が》浦《うら》の崖に見られる関東ローム層。崖の上部に位置する赤茶色の地層が関東ローム層で、約12万年前以降に堆積。下側に見られる灰色の地層は約300万年前〜30万年前に堆積した砂岩と泥岩の層（写真：Katsuaki Watanabe）

0・002〜0・02㎜までの粒子を指す言葉です。それよりも小さいものが粘土で、私たちが使う「泥」という言葉は、シルトと粘土を合わせたものになります（図7・19）。

このような土壌粒子の大きさに着目した分類は全部で12あり、そのなかには典型的な「ローム」以外に、「砂質ローム」「シルト質ローム」「粘土質ローム」など、広い意味で「ローム」といえるものもいくつかあります。

実際のところ、関東ローム層の土壌粒子は土壌学における「ローム」よりも粘土の量が多く、厳密にいえば「粘土質ローム」あるいは「砂質粘土」に区分されます。もともとは土壌学における言葉だったと冒頭でいいましたが、かといって土壌学的に正確な意味での「ローム」でもないというわけです。

関東ローム層という名前は、関東地方一帯の地質学・土壌学の研究途上において、まだ火山灰起源の土壌であることがわからなかった時期に、便宜的に名づけられたものだったそうです。つまり、「何でできているかわからないし、砂でもなく、シルトや粘土でもない。とりあ

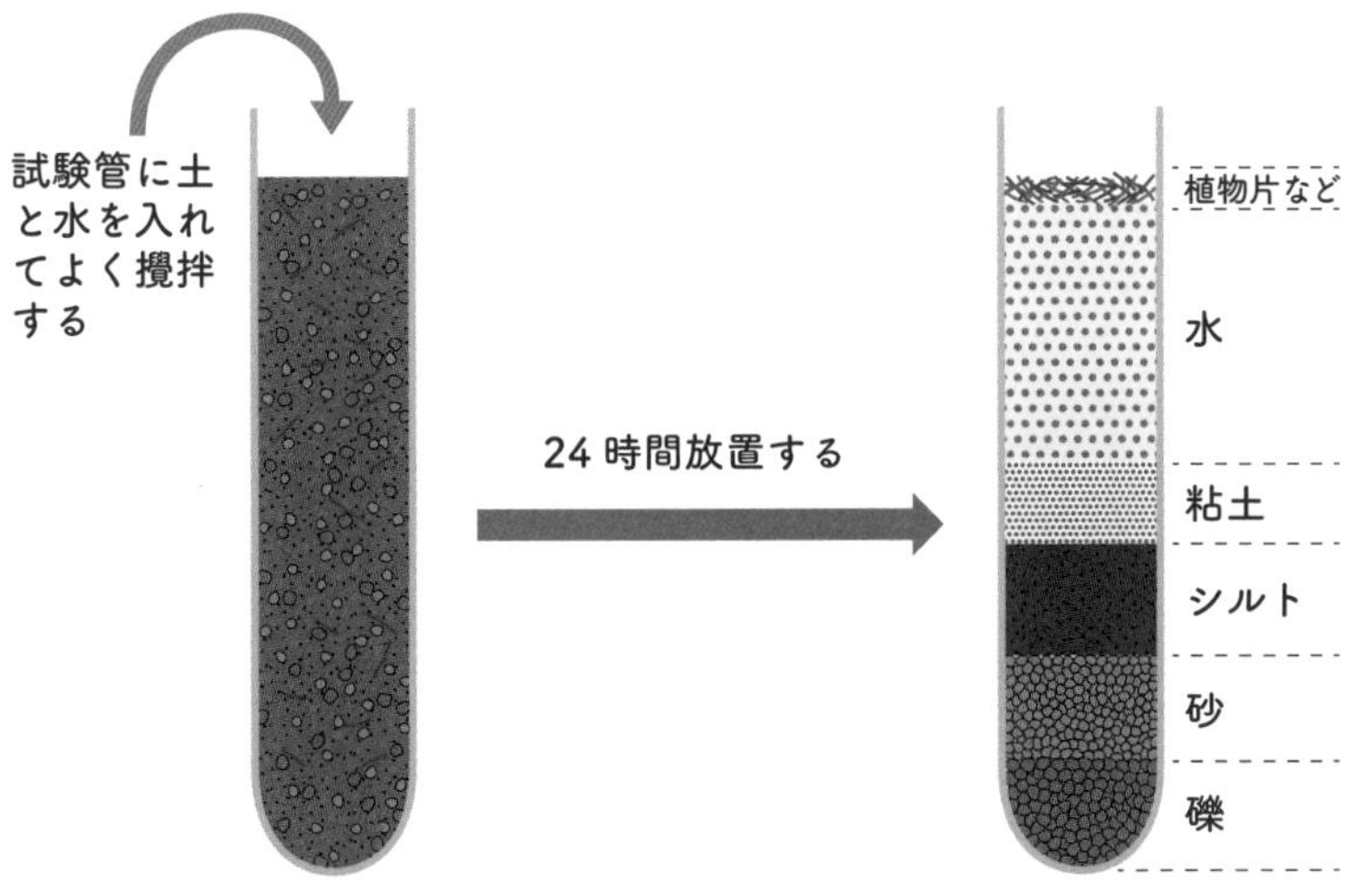

図7.19　シルトと粘土の概念図。簡単な実験で、身のまわりの土を礫、砂、シルト、粘土に分けることができる

えず砂っぽい土壌だから、ロームと呼ぼう」と。その後の研究で火山灰土壌であることがわかったり、土壌学における細かい区分に照らすと粘土が多いことが判明したりしましたが、研究初期の頃に名づけられた呼称が定着し、今でも「関東ローム層」と呼ばれているのです。

土壌粒子の区分は地質学と土壌学でちょっと違う

今回「土壌学」の話が登場しましたが、地質学とか土壌学とか、「〇〇学」という言葉は本当に多いですね。学問が発展すると各分野の専門化が進むため、新しい「〇〇学」が増えていくのは当然の流れといえます。そして、同じ研究分野でより深い議論をするために、細分化された「〇〇学」ごとに学会(研究者のコミュニティ)が生まれ、そのなかで共通の専門用語が定義されるようになりました。

先ほど紹介した「ローム」などの土壌粒子の分類は、国際土壌学会で定義されたものです。また、「ローム」を定義するための砂、シルト、粘土などの大きさも、「大きさが0・002〜0・02㎜の粒子をシルトとする」などといった具合に、同学会で細かく定義されています。

さて、ここでちょっと問題になるのが、「砂」「シルト」「粘土」という言葉は別の研究分野でも使われていて、研究分野が異なると定義もしばしば変わってしまう、ということです。実際、岩石や鉱物、地層などを扱う地質学の分野では、「砂」や「粘土」の大きさについて、土壌学とは別の定義がなされています。具体的には図7・20の通り。

	土壌学	地質学
礫	2 mm 以上	2 mm 以上
砂	0.02 mm ～ 2 mm	0.06 mm ～ 2 mm
シルト	0.002 mm ～ 0.02 mm	0.004 mm ～ 0.06 mm
粘土	0.002 mm 以下	0.004 mm 以下

図7.20 礫、砂、シルト、粘土の大きさの区分。土壌学と地質学で定義が異なる

「礫《れき》」というのは砂利や小石のことで、砂よりも粗い粒子全般を指す言葉です。また、地質学では「泥岩」などのように「泥」という言葉がしばしば使われるのですが、泥はシルトと粘土を合わせた範囲（0・06㎜以下）と定義されています。

このように、専門用語の定義は学問分野によって違うことがあるので、他の本を読んでいるときに違う定義を見つけても、「どっちが正しいんだ？」と思わずに、背景にある「学問分野の違い」にも目を向けていただけたらと思います。本書は特に断りがない限り、地質学で定義された専門用語を使っています。

風で巻き上げられた砂塵が降り積もった

関東ローム層がおおむね火山灰土壌であることは間違いないのですが、典型的な火山灰土壌とは成因が少し異なります。一般に火山灰土壌というのは、降り積もった火山灰（降下火山灰）や火砕流で運ばれた火山灰が厚く堆積し、堆積したその場所で風化作用を受けて、少しずつ土壌へと変化していったものです。

それに対し、関東ローム層の火山灰土壌は、一度堆積した火山灰が風によって巻き上げられて、別の場所に降り積もってできたと考えられています。また、火山灰だけでなく、冷え固まった溶岩の裸地からも細かい砂つぶが風で舞い上がり、火山灰と一緒に堆積しているという説が有力です。

いずれにしても、風で巻き上げられた砂塵《さじん》が二次的に降り積もってできた土壌が関東ローム層であり、その点が典型的な火山灰土壌と異なっているのです。

なお、関東ローム層が赤っぽく見えるのは、火山灰や溶岩の砂塵に含まれる鉄分が酸化し、赤茶けた鉄錆色になるからです。火山灰のもともとの色は灰色なので、関東ローム層が赤っぽく見えるのはちょっと不思議なことですね。赤色のほか、黄色っぽい色（黄褐色）も、酸化した鉄分の色に由来しています。

最後に、地層の年代についても少しだけ補足します。関東ローム層の一番上の部分、つまり年代的に最も新しい部分は、およそ1万5000年前〜1万2000年前に集積したと見積もられています。この時代は縄文文化の草創期で、それ以前には土器がなく、先土器文化と呼ばれる石器だけの時代でした。そのため、関東ローム層の中からは、先土器文化の遺物として、土器を伴わない石器群が多数見つかっています。

関東ローム層の最上部で縄文文化が始まったという日本の歴史。このことからも、地質と人間生活の密接な関係を想像できるのではないでしょうか。

CHAPTER

8

歴史に
出てくるアレ

黄金の国ジパングは今も健在。世界最高品位の金を産出する菱刈鉱山

マルコ＝ポーロが伝えた黄金の国ジパング

13世紀末、イタリアの商人マルコ＝ポーロの『東方見聞録』で、日本が「黄金の国ジパング」としてヨーロッパに初めて紹介されたという話は有名です。『東方見聞録』のなかでジパング（日本）は、「中国の東方1500海里にある黄金の島」「ばく大な黄金と真珠の国」などと記載されているといいます。

2022年現在、金の産出量の多い国といえば、中国、オーストラリア、ロシアなどですから、日本が「黄金の国」だなんて、遠い昔の話だと思ってしまいますね。歴史の教科書には、平安時代後期（1124年）に岩手県の平泉に建てられた「中尊寺金色堂」が出てきますし、江戸幕府の財政を支えた新潟県佐渡島《さどがしま》の佐渡金山も有名です。そのほかにも、京都の金閣寺、黄金づくりの祭りみこし、黄金に覆われた仏像（岩手県報恩寺《ほうおんじ》の五百羅漢）など、黄金に彩られた文化遺産は日本の各地に見られます。

はたして、これらの黄金文化は過去のものであり、現在の日本には当てはまらないのでしょうか。かつての日本に比べ、金の産出量が著しく減ってしまったことは確かでしょう。実際、1989

年には佐渡金山が400年近くに及ぶ歴史に幕を閉じるなど、資源の枯渇が顕著になってきました。

しかし、そんな状況にあっても、日本が金の産出国であることは今も変わりません。それどころか、金鉱石の品位でいえば、「黄金の国ジパング」は今も健在なのです。

世界最高品位の金を産出する鹿児島県の菱刈《ひしかり》鉱山について、詳しく見てみましょう。

金の含有量が世界トップクラスの菱刈鉱山

鹿児島県北部に位置する菱刈鉱山は、1983年に本格的な開発が始まった、比較的新しい金鉱山です。400年近くの歴史をもつ佐渡金山に比べれば操業期間は10分の1ほどですが、にもかかわらず、現在までの金の産出量は佐渡金山の総産出量（388年間で83トン）をはるかに上回ります。

なんと菱刈鉱山の金の産出量は、年間約6トン。すでに累計で248トンもの金を掘り出し（2020年3月末時点）、確認されているだけでも残りの埋蔵量は約150トンとされています。1年に平均6トンを産出するとすると、あと25年ほどは操業できることになりますね。

さて、佐渡金山をはじめ、日本各地の金鉱山が次々と閉山するなか、菱刈鉱山だけが現在も操業を続けられている理由は、金鉱石の品位の高さにあります。金鉱石の品位とは、「掘り出した金鉱石の中にどれだけの金が含まれているか」という意味で、つまりは金の含有量のことです（図8・1）。

世界的に見てみると、金の含有量は平均で鉱石1トンあたり5gほど。それに対し菱刈鉱山の金鉱石は、平均で30gという世界最高品位を誇ります。そのため、製錬に要するコストを安く抑えることができ、採算性の高い操業が可能になっています。

菱刈鉱山は「奇跡の金鉱山」と呼ばれるほど特別な存在ですが、日本が今も金の産出国であることを物語る何よりの証拠といえるでしょう。

川で砂金が採れる国、日本

この国が「黄金の国ジパング」であることを思い起こさせる、もうひとつのいい例があります。それは、日本各地の川で今でも砂金が採れること。

例えば、北海道の浜頓別町や中頓別町（北端の稚内から少し南にある町）では、砂金採掘公園や自然河川で砂金を採ることができます。その際、特別な道具も高度な技術も特に必要ありません。大きめのプラスチック皿、ふるい、スコップといったシンプルな道具を準備するだけで、誰でも砂金を採ることができるのです。

北海道のほか、黄金づくりの文化財が数多く残る東北地方や、佐渡金山があった新潟県佐渡島の川でも砂金が採れますし、北陸地方でも、石川県の犀川《さいがわ》、福井県の足羽川《あすわがわ》などで見つかるそうです。関東地方では東京都の多摩川、近畿地方では兵庫県の加古川などが有名です。東京で砂金が採れるなんて、ちょっとした驚きではないでしょうか。

さらに、このような有名どころだけでなく、砂金は日本各地の河川で採れるといわれています。

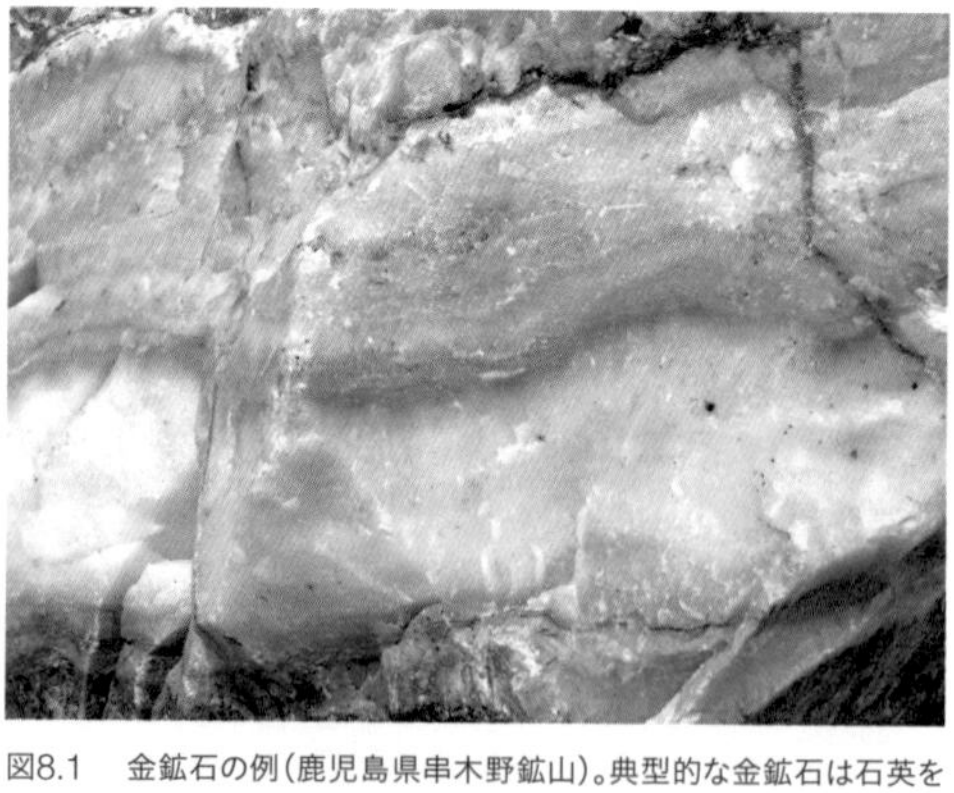

図8.1　金鉱石の例（鹿児島県串木野鉱山）。典型的な金鉱石は石英を主体とする白っぽい熱水鉱脈として産出し、その中の黒っぽい部分（写真中央など）に金が多く含まれている。ほとんどの場合、肉眼では黄金色を確認できない（写真：photolibrary）

お近くの自然河川で試してみるのもいいかもしれませんね。
川で砂金が採れる国、日本。地質学的に見れば、日本の土地は、間違いなく金を産出する地質環境であるということです。そういう視点をもつと、マルコ＝ポーロの「黄金の国ジパング」という表現も、なんだか身近に感じられますね。

参考文献

◎週刊エコノミストOnline『「１トンあたり40グラムの金」品質では世界一の金山「菱刈鉱山」とは何か』（２０２０年11月22日）
https://weekly-economist.mainichi.jp/articles/20201117/se1/00m/020/061000c
◎柴山元彦『身近な美鉱物のふしぎ』（ＳＢクリエイティブ、２０１９）

金鉱山のでき方はわかっても、金のでき方はわからない

「地球上に存在する金（ゴールド）がどうやってできたのか、いまだにわからない」。

このようなことをいうと、ちょっと意外に感じるかもしれません。なぜなら、金のでき方として、「マグマから放出される熱い地下水に金が含まれていて、それが地下水の通り道である岩石の割れ目に沈澱してできた」などの説明が、ちゃんとなされているからです。

でも、こうした説明は、「金のでき方」ではなく「金鉱山のでき方」を示したものにすぎません。金鉱山とは、1トンの岩石中に5g以上の金が含まれているような岩石（金鉱石）が採掘できる場所のことです。先ほどの説明は、特定の場所に金という元素が多く集まるしくみを説明したものなので、「金鉱山のでき方」の説明です。

もし、金そのもののでき方を説明するならば、「マグマ中に含まれていた金はそもそもどこから来たのか」を説明しなければなりません。地球内部の温度と圧力では金は到底できないので、地球が形成されたときにはすでに地球内部に含まれていたわけです。

そうすると、原始地球をつくる材料となった太陽系のちりに金が含まれていたことになり、その金は、宇宙のどこかでつくられた、ということになります。なんと、「金のでき方」を根本的に考えるなら、地球の誕生にまでさかのぼる壮大な話になってくるのです。

しかも、そこまでさかのぼって考えてみても、金がどうやってできたのか、きちんと説明すること

はできません。金を含め、鉄よりも重い元素（銅、銀、プラチナ、ウランなど）は、恒星の内部で起こっている核融合反応では生成されず、今のところ、中性子が密集した高温の場所、すなわち2つの中性子星が衝突する現場でつくられるという説が有力です。ただし、これにも異論があり、中性子星の衝突によってつくられる量は全体の一部に過ぎず、多くは特殊な超新星爆発（強い磁場をもつ回転する星の超新星爆発）でできるという説もあります。

こういうわけですから、金もほかの重い元素も、じつのところ宇宙のどこでどうやってできたのか、いまだに解明されていないのが現状なのです。

さて、「金のでき方」についていろいろと述べてきましたが、補足として、「金鉱山のでき方」についても少し詳しく見ておきましょう。金が特定の場所に集まるしくみは鉱山ごとに異なるので、ここでは鹿児島県の菱刈鉱山を例に紹介します（図8・2）。

菱刈鉱山の場合、まずは地下深くから上昇してきたマグマが徐々に固まっていく過程で、その一部が塩素を多く含むマグマになっていきました。塩素は液体中に残りやすいため、岩石と一緒に固まらずに、マグマの中に残ったわけです。そして塩素の多いマグマの中では金と塩素が結びつき、イオンになって、マグマから放出される熱い地下水と一緒に周囲の地層にしみ込んでいきました。

その後、周囲の地層にしみ込んでいった「金と塩素からなるイオン」は、そこでいったん分解され、金が沈澱します。ところが、その辺りの地下水には硫化水素が含まれていて、今度は金と硫化水素がくっついて別のイオンになり、再び水に溶け、地下水の流れに乗って地表近くまで運ばれていきます。

そして、地表に近い浅い場所まで上昇したところで周囲の酸素が多くなり、金と硫化水素からなるイオンが分解。地表付近の岩石中に金として沈澱するようになりました。こうして菱刈鉱山の金鉱石

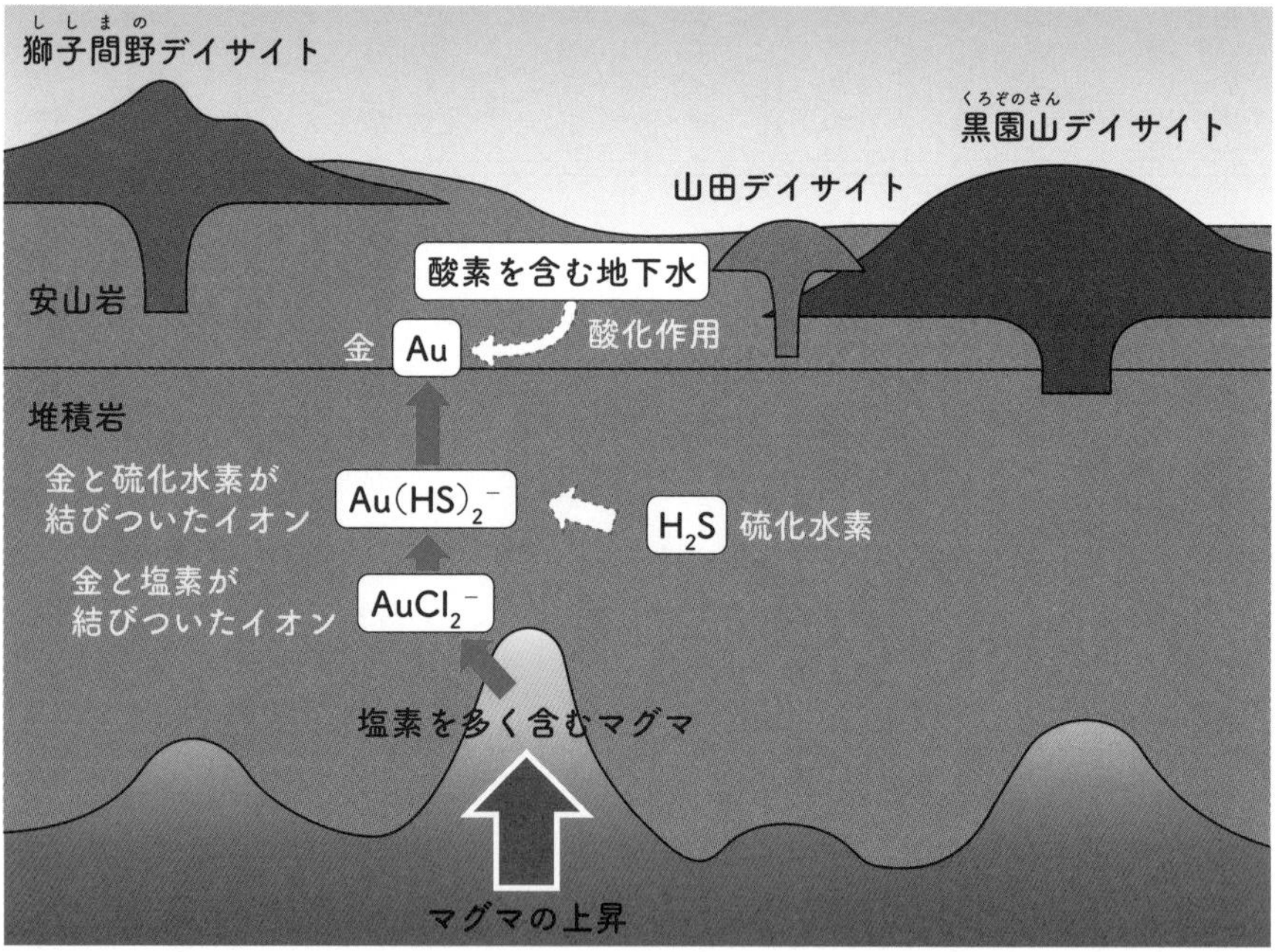

図8.2　鹿児島県菱刈鉱山における金の形成過程(金鉱山のでき方)。図中の「デイサイト」は灰色の緻密な溶岩で、流紋岩や安山岩と同じく火山岩の一種(古澤美由紀・根建心具「菱刈金鉱床地域のデイサイトの塩素の地球化学」を参考に作成)

が生まれたと考えられています。「金鉱山のでき方」も、十分に複雑な過程ですね。

参考文献

◎古澤美由紀・根建心具「菱刈金鉱床地域のデイサイトの塩素の地球化学」『資源地質』62、1-16（2012）
https://www.jstage.jst.go.jp/article/shigenchishitsu/62/1/62_1/_pdf/-char/ja

◎Chiaki Kobayashi, Amanda I. Karakas, and Maria Lugaro『The Origin of Elements from Carbon to Uranium』The Astrophysical Journal 900: 179 (33pp), 2020.
https://iopscience.iop.org/article/10.3847/1538-4357/abae65

古墳の壁画から江戸時代の名画まで。鮮やかな色彩を生み出す石の粉

高松塚古墳の壁画を彩る岩絵具

石室の壁に描かれた色鮮やかな女子群像が有名な、奈良県の高松塚古墳《たかまつづか》。藤原京に都があった時代（694～710年）に造られた古墳で、極彩色の壁画が発見されたのは1972年のことでした。その色彩は赤、青、黄、緑などバラエティに富み、描かれてから約1300年も経過していると は思えないほどの鮮やかさです。

この高松塚古墳の美しい壁画には、顔料として天然の鉱物を砕いてつくった石の粉（岩絵具）が使われています。例えば、「朱《しゅ》」と呼ばれる赤色の顔料は、辰砂《しんしゃ》という水銀と硫黄からなる鉱物（図8・3）。「岩群青《いわぐんじょう》」と呼ばれる青色の顔料は、銅を主成分とする藍銅鉱《らんどうこう》という鉱物（図8・4）。「岩《いわ》緑青《ろくしょう》」と呼ばれる緑色の顔料は、成分は藍銅鉱と同じで色の異なる孔雀石《くじゃくいし》という鉱物（図8・5）。このような具合です。

また、鉱物を砕いてつくったわけではありませんが、天然の土でできた顔料もあり、それらにも色のついた鉱物が含まれています。「ベンガラ（弁柄）」の赤色はおもに赤鉄鉱《せきてっこう》の色ですし（図8・6）、「黄土《きづち》」の黄色は針鉄鉱に赤鉄鉱などが混ざった色（図8・7）。赤鉄鉱も針鉄鉱も鉄の酸化物で、

図8.3　辰砂。中国湖南省産（写真：Shutterstock）

図8.4　藍銅鉱。スロバキアŠpania Dolina産（写真：Shutterstock）

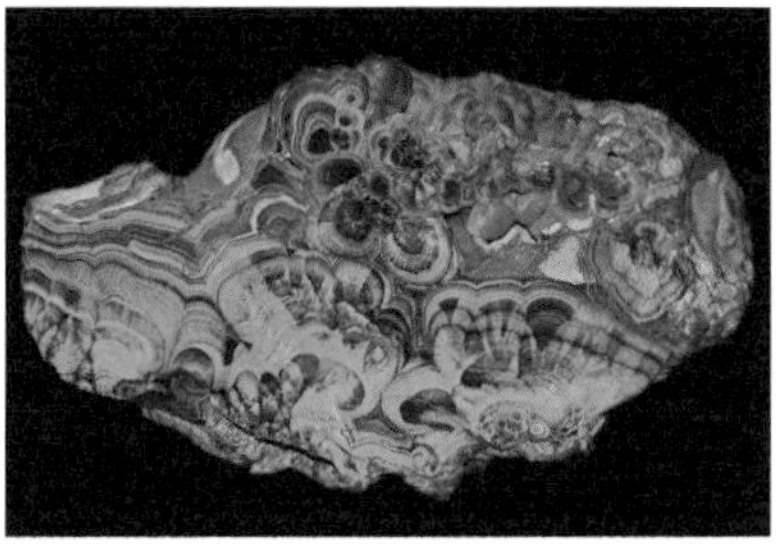

図8.5　孔雀石。ロシアUral産（写真：Shutterstock）

図8.6　赤鉄鉱を多く含む土。赤色顔料のベンガラとして利用される（写真：Shutterstock）

図8.7　針鉄鉱を多く含む土（フランスLanguedoc-Roussillon）。黄色顔料の黄土（きづち、イエローオーカー）として利用される（写真：123RF）

鉄錆の色（赤やオレンジ）を想像してもらうとわかりやすいと思います。

鉱物の粉でつくられる岩絵具は、鮮明な色を長期間保つことができる優れた顔料です。高松塚古墳の壁画が1300年経った後も鮮やかな色彩を保っていたのは、雨水の侵入やカビの発生から守られる特殊な条件が整っていたことに加え、顔料として鉱物の粉が使われたことがおもな理由だといえるでしょう。

高松塚古墳の他にも、例えば、イタリアのポンペイ遺跡の壁画には、赤色の顔料として辰砂が使われているといわれています（図8・8）。古代ローマ帝国の都市ポンペイがベスビオ火山の噴火によって火山灰に埋もれてしまったのは、紀元79年のこと。壁画はそれ以前に描かれたものなので、およそ2000年にわたって鮮やかな色彩を保ってきたことになります。

図8.8　ポンペイ遺跡の壁画（写真：hmsy / PIXTA）

なお、鉱物の粉そのものには接着性はないので、絵を描く際には膠《にかわ》と水を加えて使います。膠は動物の皮や腱《けん》、骨などを煮出してつくる糊のようなもので、この成分のおかげで鉱物の粉がしっかりと壁に定着します。

紫みを帯びた深い青色、フェルメール・ブルー

光による巧みな質感表現が印象的なオランダの画家、ヨハネス・フェルメールは、ラズライトを原料とする青色の顔料「ウルトラマリン」を使った作品で有名です。例えば、1665年ごろの作品『真珠の耳飾りの少女』は、青色のターバンを巻いた少女の写実的な人物画で、ターバン部分の青がウルトラマリンだといわれています。

原料のラズライトは紫みを帯びた深い青色の鉱物で、宝石のラピスラズリを構成する主要な鉱物でもあります（図8・9）。余談ですが、ラピスラズリの名前の由来は、「石」を意味するラテン語の「ラピス」と、澄んだ空の色（群青色）を表すアラビア語を組み合わせたものだそうです。宝飾品として好まれるのは、深い青や青紫をベースに、部分的に金色の鉱物が混じっているラピスラズリで、アクセントカラーが主色の青を引き立てる、とても美しい宝石です。

フェルメールの時代も現在も、ラズライトを原料とする天然のウルトラマリンはとても高価な顔料で、特にフェルメールの時代には裕福な一部の画家しか使うことができませんでした。当時のヨーロッパでは、ラズライトは金（ゴールド）と同等の価値があったということです。このような時代背景なので、フェルメールの絵画にウルトラマリンが使われていたことは際立った特徴であり、

図8.9　ラズライト。アフガニスタン産。ラズライトを主体とする深い青色の岩石はラピスラズリと呼ばれ、宝石にも利用されている。真鍮色の部分は黄鉄鉱（写真：Shutterstock）

ウルトラマリンの青は「フェルメール・ブルー」とも呼ばれています。

日本画には岩絵具が欠かせない

江戸時代（18世紀）の日本画の巨匠、尾形光琳《おがたこうりん》の作品に『燕子花図《かきつばたず》』という有名な金屏風があります。幅3・6mの2枚の屏風に惜しげもなく金箔を貼り、群生するカキツバタの花を描いたこの作品。青い花の部分には岩群青が、緑の葉の部分には岩緑青が使われています。

これらは高松塚古墳の壁画でも使われていた岩絵具で、それぞれの原料となる鉱物は、岩群青が藍銅鉱、岩緑青が孔雀石でしたね。どちらも日本画には欠かせない最高級の顔料です。

特に藍銅鉱からつくられる岩群青は精製が難しく、たいへん貴重で、江戸時代には岩緑青の10倍の値段で取り引きされていたといいます。フェルメールの作品に使われていたウルトラマリンと同じく、深い青色の顔料ですが、日本ではウルトラマリンの原料となるラズライトが産出せず、主要な青色顔料として藍銅鉱の岩群青が使われてきました。

日本画に使われる岩絵具には、この他にもさまざまな鉱物が原料として使われています。赤色の顔料になる鶏冠石《けいかんせき》は、ヒ素と硫黄からなる鉱物。高松塚古墳の壁画に見られた辰砂も、代表的な赤色顔料です。

黄色の顔料としては、鶏冠石と同じくヒ素と硫黄からなる石黄《せきおう》があります。鶏冠石も石黄も、ヒ素の毒性が問題になってからは合成顔料に置き換えられるようになりました。

また、白色の顔料としては、貝殻からつくられる胡粉《ごふん》がよく使用されるものの、鉱物の石英からつくられる白い岩絵具もあります。かつては鉛を主成分とする白鉛鉱《はくえんこう》も白色顔料として利用されましたが、鉛に毒性があることがわかってからは一般には使われなくなりました。

日本画は日本独自で発展した伝統的な絵画であり、横山大観《よこやまたいかん》、東山魁夷《ひがしやまかいい》、平山郁夫など、近代から現代の日本画家も多数の名作を遺《のこ》しています。鉱物でできた岩絵具は、そんな日本画に欠かせない存在なのです。

参考文献

◎ 安田博幸「飛鳥高松塚古墳の壁画顔料と漆喰の分析」『化学教育』20、390-394（1972）
https://www.jstage.jst.go.jp/article/kagakukyouiku/20/5/20_KJ00003480115/_pdf/-char/ja

鉄器時代の前に青銅器時代が来た理由は、意外とわかっていない

資源として豊富にあったのは青銅よりも鉄だった

文献が残っていないような古い時代を指す言葉に、「石器時代」「青銅器時代」「鉄器時代」の3つがあり、これらの呼び名は刃物に使われたおもな材料に基づいて区分したものです。「石器時代」は青銅製の刃物が登場する前の時代であり、「青銅器時代」は鉄製の刃物が登場する前の時代。その後に続くのが「鉄器時代」というわけですね。

具体的に何年前か知りたいところですが、それぞれの時代区分に対応する年代は、地域によって異なります。例えば世界最古の文明発祥地のひとつ、中東のメソポタミアでは、紀元前3000年ごろから紀元前1200年ごろまでが青銅器時代。同じく青銅器時代に着目すると、ヨーロッパでは紀元前1800年ごろから紀元前500年ごろまでがそれに当たります。また、エジプトや日本など、地域によっては青銅器時代が短かったり、ほとんどなかったりする場合もあるため、この3つの時代区分は「大まかな文明の傾向」という程度に考えてもらえたらと思います。

さて、ここで重要なのは、石器時代の次に青銅器時代が来たという、その順番です。なぜ鉄器時代ではなく、青銅器時代が先に来たのでしょうか。

歴史の教科書では「鉄器をつくるほうが技術的に難しかったから」と説明されているかもしれませんが、話はそう単純ではありません。人間が利用できる鉱物資源という観点から見ると、銅と鉄を比べた場合、地表で多く見つかるのは圧倒的に鉄のほうなのです。材料が豊富にあるのなら、石器時代の次に鉄器時代が来たとしても、決しておかしくはありません。

それに、いくら技術的に難しいといっても、「たたら製鉄」と呼ばれる原始的な製鉄法なら砂鉄や鉄鉱石を溶かす必要がなく、原理的には鉄の融点（1538℃）よりも遥かに低い温度（400～800℃）で鉄をつくることができます。その温度は銅の融点（1085℃）よりも低いのです。

また、「青銅」は銅にスズを混ぜて硬度を高めた合金（スズが約10％）なので、青銅器をつくろうと思ったら、銅のほかにスズも採る必要があります。じつはスズの産地はかなり限定的で、それに加えて、採掘した鉱石を溶かしてスズを取り出すのには高い技術が必要なのです。

これらを踏まえると、青銅器をつくるのは資源的にも技術的にも、かなりハードルの高いことです。そして、最初に述べた通り、資源の豊富さでは圧倒的に鉄器のほうが有利。

実際、考古学者も青銅器時代について次のように解説しています。

「人間が地表上至る所にある鉄ではなく、銅そして銅とスズの合金である青銅の冶金術を初めに開発した理由は明らかでない。」

銅は単体の金属として産出しやすい

ただ、確実に銅のほうが有利である点がひとつあります。それは、銅は単体の金属として産出しやすいこと。つまり、銅の鉱石としてではなく、金属の銅としてけっこうな量が掘り出されるため、製錬（鉱石から金属を取り出すこと）をしなくても利用できるのです。

これに対し、鉄は単体の金属として産出することがほとんどありません。鉄を利用するには、砂鉄や鉄鉱石を高温で加熱して製錬する必要があります。砂鉄も鉄鉱石も、酸素と鉄が結びついた鉱物であり、単体の金属ではないのです。

単体の金属として産出するゆえに、銅はおそらく青銅器時代よりもずっと以前から、人類にとって馴染みがあったことでしょう。実際、石器時代の人々が最初に金属の銅を利用した時期は、紀元前8000年～紀元前7000年ごろといわれています。

輝きがあり、打ち叩けば自在に変形させられる金属の銅。石とは明らかに性質が違うため、人々の関心も高かったはず。

メソポタミアで青銅器時代が始まったのが紀元前3000年ごろなので、青銅器時代に先立って相当に長い期間、金属の銅は人々に知られていたのです。これだけの「助走期間」があったのですから、石器時代の次に青銅器時代が来たのは、自然な流れであるように思えます。

なお、本格的に銅が利用されるようになった青銅器時代には、掘り出された銅をそのまま加工して使っていたわけではなく、高温で溶かしてから成形したり、スズと混ぜて青銅をつくったりもしていました。銅鉱石の製錬も行なわれていたようです。

銅以外に単体の金属として産出するもの

ところで、「鉄は単体の金属で産出することがほとんどない」というのはたしかにその通りなのですが、例外的に、石器時代の人々にも利用されていた金属の鉄がありました。それは、隕鉄《いんてつ》です。隕鉄とは、鉄でできた隕石のこと（図8・10）。正確には鉄とニッケルの合金（鉄が約90％）なので「単体の金属」ではないのですが、いずれにしても金属として利用できる自然物であり、岩石とは一線を画すものです。

隕鉄が石器時代の人々に利用されるようになった時期は紀元前3000年ごろとされており、アクセサリーや短剣などが見つかっています。ただし隕鉄の量は限られているため、鉄器時代が始まるには、砂鉄や鉄鉱石の製錬を待たなくてはなりませんでした。

また、銅と鉄以外で古くから人類に利用されてきた金属に、金や銀があります。特に金の利用は古く、紀元前4000年ごろの古代エジプト王朝にまでさかのぼります。銀は、メソポタミアで紀元前3000年ごろから利用されていたとのこと。

金も銀も、銅と同じく、単体の金属として産出しやすいという特徴があります。金については、他の元素と化学反応を起こすことが極めて少なく、むしろ単体の金属として産出するのが普通です（銀との合金をつくることはよくあります）。例えば、川で砂金を見つけた

図8.10 隕鉄の例。オーストラリア北部ノーザンテリトリーで発見されたヘンブリー隕石。鉄とニッケルからなる。切断面を酸で腐食させた後に研磨した標本で、隕鉄に特有の帯状組織が観察できる（写真：Shutterstock）

ら、それはほぼ純粋に近い金だということ。
このように、人類が古くから利用してきた金属には、共通して、「鉱石としてではなく、単体の金属として産出することが多い」という特徴があることがわかります。

参考文献

◎日本大百科全書Ｗｅｂ版『青銅器時代』

日本刀は玉鋼でしかつくれない。今も残る島根県のたたら製鉄

現存する唯一のたたら製鉄所「日刀保たたら」

島根県東部の奥出雲町に、現存する唯一のたたら製鉄所があります。太平洋戦争の終結とともに廃業した「靖国たたら」を日本美術刀剣保存協会が復元し、改名した、「日刀保《にっとうほ》たたら」です。たたら製鉄とは日本古来の製鉄法で、おもに砂鉄を原料として、比較的低い温度で鉄を製錬するのが特徴です。明治時代初期までは日本の鉄生産を支える製鉄法でしたが、やがて西洋式の製鉄法に取って代わられ、大正時代末期にはその歴史に幕を閉じることになりました。

西洋式の製鉄法では巨大な炉と機械の動力を使って鉄を生産するため、職人の熟練した技能に頼っていたたたら製鉄は、生産量の面でまったく歯が立たなかったのです。その後、戦時中の軍刀の需要で一時的にたたら製鉄が復活し、島根県に設置された「靖国たたら」で鉄が生産されたことがありましたが、それもやがて廃業。それからじつに30年あまりの時を経て、1977年（昭和52年）に「日刀保たたら」として日本のたたら製鉄が蘇ったというわけです。

長らく技術の伝承が途絶えていたため、復元するのは簡単ではありませんでした。しかも、鉄を量産するだけなら西洋式の製鉄法のほうがずっと効率的ですから、労力に見合うだけの経済的価値

も期待できません。にもかかわらず、なぜいまだに「日刀保たたら」ではたたら製鉄が続けられているのでしょうか。

その理由は、日本刀の保存にあります。日本刀は、たたら製鉄によって得られる「玉鋼《たまはがね》」（図8・11）を原料としなければ、うまくつくることができないのです。

もちろん西洋式の製鉄法でつくった鉄でも、日本刀の形は再現できます。切れ味も申し分ないとのことです。しかし、「折れず、曲がらず、よく切れる」という本来の強靭な日本刀は、玉鋼を使わないとつくれない。

もし、たたら製鉄が完全になくなってしまえば、本当の意味での日本刀の原料は手に入らなくなりますし、それと同時に、玉鋼から日本刀を生み出す伝統技術も失われてしまうことになります。このような事態にならないよう、「日刀保たたら」は現在も、日本古来のたたら製鉄を続けているのです。

図8.11　玉鋼（写真：GYRO PHOTOGRAPHY / amanaimages）

玉鋼でつくった日本刀は錆びない

日本刀の際立った特徴は、なんといっても錆びないこと。古い日本刀でも、ほとんど錆びることなく当時の姿のままで発見されるといいます。

日本刀が錆びない理由は、原料となる玉鋼にほとんど不純物が含まれていないためだと考えられています。不純物は、具体的にはリンや硫黄です。鉄鉱石を製錬する西洋式の製鉄法では、鉄の中にどうしてもリンや硫黄が比較的多く含まれてしまいます。そして、長い年月で見た場合には、それが錆《さび》の原因になってしまうのです（図8・12）。

一方、たたら製鉄によってつくられる玉鋼には、リンや硫黄がほとんど含まれません。これはおもに原料の違いに由来するもので、たたら製鉄では鉄鉱石ではなく砂鉄を製錬するために、リンや硫黄が少なくなるのです。この不純物の少なさが、玉鋼のもつ唯一無二の長所であり、日本刀づくりに玉鋼が欠かせない最大の理由になっています。

また、リンや硫黄は鉄の「もろさ」の原因にもなるので、不純物の少なさは日本刀の強靭さにも貢献しています。

硬さと折れにくさを両立させる絶妙な炭素の量

不純物の少なさに加え、玉鋼には優れた点がもうひとつあります。それは、鉄に含まれる炭素の量が1〜1・5％という絶妙なバランスであること。

先ほど「玉鋼には不純物がほとんど含まれていない」といっていたのに、炭素が1・5％も含まれているとはどういうことかと、疑問に思われたかもしれません。じ

	原料	得られる鉄の特徴
たたら製鉄	砂鉄	リンや硫黄などの不純物がほとんど含まれておらず、非常に錆びにくい。また強靭。
西洋式製鉄法	鉄鉱石	リンや硫黄が比較的多く含まれ、これらが錆やもろさの原因になる。

図8.12 たたら製鉄と西洋式製鉄法の比較

つは、鉄鋼材料の場合、炭素は性能を劣化させる「不純物」ではないのです。むしろ、性能を向上させるために必要不可欠な成分。

日本刀も多くの他の鉄鋼製品も、「鉄」といいながら、正確には「炭素入りの鉄」でできています。鉄だけだとやわらかすぎるため、少量の炭素を混ぜて硬い「鋼《はがね》」にして使っているわけです。

ただし、その量には絶妙なバランスが必要で、多すぎても少なすぎてもダメ。炭素の量が多くなれば、硬さは向上する反面、折れやすくなります。また、逆に炭素が少なすぎると、折れにくくはなりますが、今度はやわらかくて曲がりやすくなる。というわけで、日本刀も他の鉄鋼製品も、炭素の量を調節することで「折れにくさ」と「曲がりにくさ」を両立させることが大切になるのです。

玉鋼は、炭素の量においても超優等生。はじめから最もバランスのいい濃度（1〜1・5%）になっているので、そのまま打ち叩くだけで最高の日本刀をつくり上げることができます。

日本刀が「折れず、曲がらず、よく切れる」と称されるほど強靭なのは、リンや硫黄などの不純物の少なさに加え、炭素の量が絶妙であることがおもな理由といえるでしょう。

とはいえ、「玉鋼でつくれば優れた日本刀ができる」という単純な話でもありません。日本刀づくりに玉鋼が重要であることはたしかですが、玉鋼を打ち叩いて刀身を鍛え上げていく過程もまた、原料と同じくらい、あるいはそれ以上に重要なのです。

実際、日本刀の優れた性能にはまだまだ謎が多いとのこと。例えば、極めて鋭利に研ぐことができる理由、金属学における理論値よりも硬度が高い理由、折り曲げて打ち叩くだけで接合面がくっつく理由（普通は溶かさないとくっつかない）、などなど。これらの謎を解く鍵は玉鋼を加工していく過程にあると考えられていますが、そこはまだ科学の入り込めていない、職人の感覚だけが頼りの神秘的な世界。とても興味深いですね。こういう世界にこそ、本当に大切な価値があるような気がします。

隕鉄でつくった刀剣、流星刀

「流星刀」とは、1898年（明治31年）に製作された、隕鉄をおもな原料とする刀剣です（図8・13）。宇宙から飛来した隕鉄で刀剣をつくってしまうなんて、何ともロマンあふれる話ですね。ネーミングもとても素敵ですし。

流星刀の原料となった隕鉄は、1890年（明治23年）ごろに富山県で発見された重さ23kgほどのもので、「白萩隕鉄《しらはぎいんてつ》」と名づけられています（図8・14）。隕鉄でつくられた刀剣は、世界的に見れば石器時代からすでにありましたが、日本刀の刀工によって製作されたのは「流星刀」が初めてです。

隕鉄は通常の日本刀の原料である玉鋼と異なり、鉄とニッケルの合金です。90%ほどは鉄ですが、かなりの量のニッケルが含まれています。そして、玉鋼に1～1・5%ほど含まれている炭素が、隕鉄にはほとんど含まれていません。これらの違いから、隕鉄は玉鋼に比べて加工しにくく、できあがった刀剣も曲がりやすくなってしまいます。

流星刀の場合、刀剣の強度を高めるために、7：3くらいの割合で隕鉄と玉鋼を重ね合わせて使っているそうです。それでもやはり、刀剣として仕上げるには、

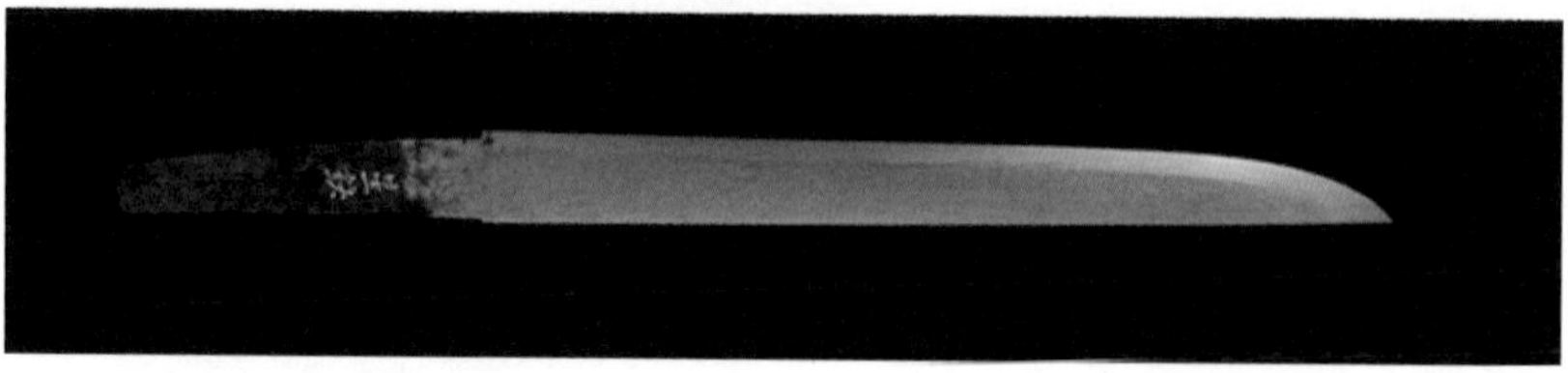

図8.13　流星刀（写真：富山市科学博物館）

刀工の卓越した技術が必要であることはいうまでもありません。

流星刀がつくられて以降、隕鉄を原料とする日本刀は他にもたびたびつくられてきました。これらの日本刀のなかには、隕鉄100%でつくられたものもあります。ただし、原料となる隕鉄は海外からのもので、日本に落下した隕鉄でつくられた日本刀は、流星刀が唯一のものです。

参考文献

◎富山市科学博物館『白萩隕鉄と流星刀』
https://www.tsm.toyama.toyama.jp/?tid=101911
◎近藤会次郎「富山県にて発見せし隕鉄」『地学雑誌』第七巻第五号、二七四-二七六（明治二十八年）

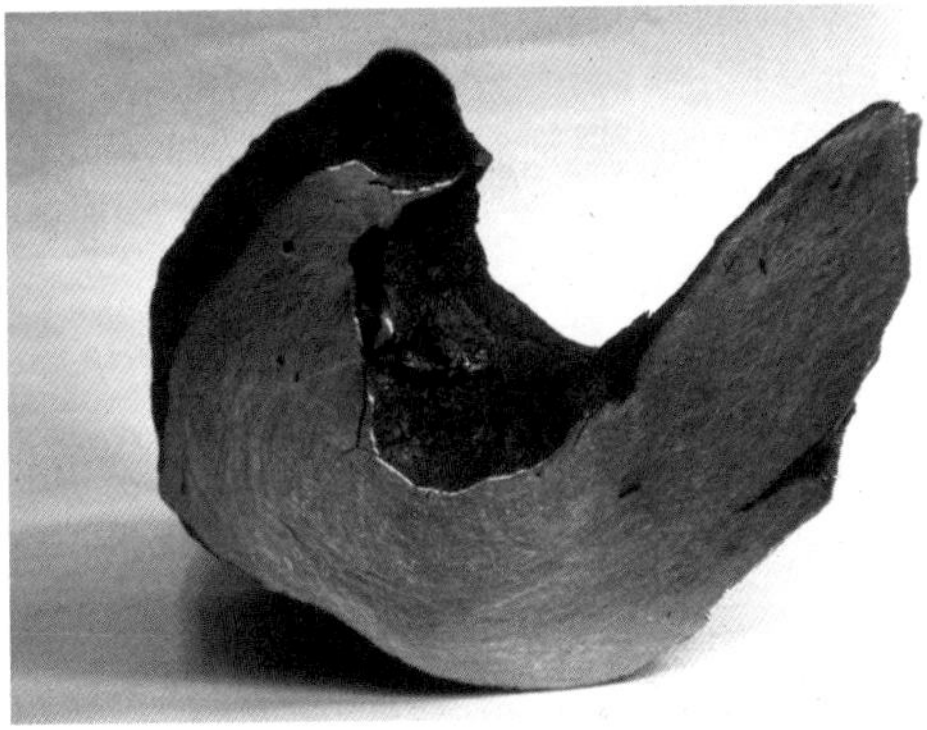

図8.14　白萩隕鉄（写真：富山市科学博物館）

おわりに

地球環境を守りながら持続的に発展する「持続可能な社会」、あるいは「循環型経済」の実現が緊急の課題になっている昨今、ビジネスパーソンから次世代の若者まで、地球科学の素養を身につける重要性はますます大きくなっています。

しかし、「素養を身につける」ことが苦行になってはいけません。堅苦しい科学の話は、好きな人には心地よいものですが、理科嫌いの人にとってはなかなかとっつきにくいものです。「必要だから勉強しましょう」というアプローチ方法では、社会的に大きな広がりは期待できないでしょう。もっと世の中に広がりやすく、浸透しやすい方法が必要です。

このような問題意識は大学や研究機関で以前からあり、「サイエンスコミュニケーション」のあり方がいろいろと検討されてきました。サイエンスコミュニケーションとは、専門的な科学の話を一般向けにわかりやすい言葉で伝えることをいいます。研究開発の最前線に立つ専門家（スペシャリスト）ではないものの、幅広く深い知識をもった人材（ジェネラリスト）が専門家との橋渡し役になることで、対話（双方向のコミュニケーション）を引き出すことを目的とした活動です。

専門家と一般の人が二極化していると、地球環境の諸問題は決して解決できません。なぜなら、私たちの社会で重要な意思決定をしている政治家や経営者は、科学の専門家ではありませんし、世論を形成する、つまりは社会的なムーブメントを引き起こす多くの市民も、たいていは科学の専門家ではないからです。

大切なのは、専門家ではない大勢の人に地球科学の素養を身につけてもらい、世の中をよい方向に変えるムーブメント、巨大なうねりを引き起こすことができるようにすること。そのためには、楽しく、やさしく、興味のもてるアプローチ方法が必要です。

YouTubeのような動画プラットフォームも、学ぶ手段としては有効なもののひとつです。テレビももちろんいいですね。

ただ、問題点として、「楽しい」「やさしい」「興味がもてる」ばかりに流されると、いわゆる「トンデモ科学」を身につけてしまうことにもなりかねません。そういう刺激的な話は特に広がりやすいので、たとえ一部の人しか支持していない科学的解釈でも、あたかも本当のように錯覚してしまうことがあります。そうなっては、世の中をよい方向に変えるムーブメントにはつながりませんし、環境問題にとっては逆効果になる可能性もあります。

サイエンスコミュニケーションは専門家と一般の人の橋渡しを担う重要な方法ですが、できる限り真実を伝えようとする姿勢が求められ、その責任は非常に大きいといえます。マスコミ関係者やジャーナリストの倫理観に通じるところがあるかもしれません。

私はサイエンスコミュニケーターのひとりとして、そうした社会の要請を踏まえたうえで、「サイエンスコミュニケーションで、地球科学をすべての人に」というビジョンをもって活動しています。社会の主役である皆さん一人ひとりにとって、本書が地球科学の素養を底上げする一助となり、身につけた素養で専門家との対話がもっと活発になって、この社会をよい方向に変えるムーブメントが生まれることを、心から願っています。

本書を執筆するにあたり、有限会社ベレ出版編集部の永瀬敏章さんには、出版のお声がけから編集作業までたいへんお世話になりました。他者目線での有益なアドバイスや掲載画像の提案、丁寧な校正など、永瀬さんのお力添えなしでは、このような完成度の高い本に仕上げることは到底できませんでした。心より感謝申し上げます。

また、私が地球科学の専門性を身につけるまでには、多くの諸先生方をはじめ、研究所の先輩や同僚、大学院生、研究者の友人に助けられ、教えを受けてきました。すべてをここに書くことはできませんが、次に記して感謝申し上げます。

まずは広島大学の恩師である故・北川隆司教授。鉱物学の基礎、社会への貢献を目指す環境鉱物学という視座、美しい鉱物標本を通じた博物学への興味の喚起など、研究室時代から卒業後に至るまで、多くを学ばせていただきました。

国立研究開発法人物質・材料研究機構の松井良夫博士、原徹《はらとおる》博士、中沢弘基《ひろもと》博士には、透過電子顕微鏡を使った世界最先端の材料研究の世界と、プロの研究者としての厳しさを教えられました。東京大学地球生命圏科学グループの小暮敏博《こぐれとしひろ》教授、鈴木庸平准教授には、高レベル放射性廃棄物の地層処分という、地質・鉱物学者が社会貢献できる素晴らしい研究テーマを与えていただきました。

原子力規制庁核燃料廃棄物研究部門の皆さんには、自然科学の研究成果と原子力政策の実効性とが乖離しないよう、政策サイドからの助言を多数いただきました。また、国際会議や海外での現地調査の機会、そして福島第一原子力発電所事故の除染・廃炉工程に関する調査研究の機会をいただき、研究者として貴重な経験を積ませていただきました。

これらに加え、研究職を辞してから教鞭を執ったYohan International Christian School（ＹＩＣＳ）では、専門的・先端的な科学トピックを中高生にわかる言葉で説明することの難しさ、そして、子どもたちの成長を見守る喜びを教えられました。松原信幸校長（現・オリーブハウスチャーチ牧師）、李在恩《イジェウン》先生、金昌一《キムチャンイル》先生には特にお世話になり、この場を借りてお礼申し上げます。そして卒業生の皆さん、たくさんの楽しい思い出をありがとう。皆さん一人ひとりが自分に与えられた才能を存分に生かし、将来への希望と期待をもって幸せに生きていくことを、心から願っています。

最後になりましたが、幼少の頃より昆虫採集や旅行によく連れて行ってくれ、息子の成長を惜しみなくサポートしてくれた亡き父・渡邉一郎、父が亡くなってからも大学院まで進学させてくれた母・外史子《としこ》、弟のことをいつも心配して気にかけてくれる兄・章人《あきひと》に、特別の感謝を記します。そして何より、かけがえのない家庭を通していつも私に幸せをくれる妻・亜希子、長女・彩矢加《さやか》に最大の愛と感謝の気持ちを記し、筆を置きます。

２０２２年11月

渡邉克晃

著者紹介

渡邉 克晃　（わたなべ・かつあき）

▶ サイエンスコミュニケーター。地質・鉱物写真家。1980 年三重県生まれ。広島大学にて博士（理学）の学位を取得後、物質・材料研究機構（NIMS）ポスドク研究員、東京大学地球生命圏科学グループ特任研究員、原子力規制庁技術基盤グループ技術研究調査官を経て、2020 年よりフリーランス。著書に『美しすぎる地学事典』（秀和システム）、『もしも、地球からアレがなくなったら？』（文友舎）、『地学博士も驚いた！ヤバい「地球図鑑」』（青春出版社）、『ふしぎな鉱物図鑑』（ビジュアルだいわ文庫）がある。

▶ Web サイト「地学博士のサイエンス教室　グラニット」
https://watanabekats.com/

◉── カバー・本文デザイン、DTP　駒井 和彬（こまゐ図考室）
◉── 本文図版　ニシ工芸
◉── 校正　曽根 信寿

身《み》のまわりのあんなことこんなことを地質学的《ちしつがくてき》に考《かんが》えてみた

2022年11月 25 日　初版発行

著者	渡邉《わたなべ》 克晃《かつあき》
発行者	内田 真介
発行・発売	ベレ出版 〒162-0832　東京都新宿区岩戸町12 レベッカビル TEL.03-5225-4790 FAX.03-5225-4795 ホームページ　http://www.beret.co.jp/
印刷・製本	三松堂株式会社

ISBN 978-4-86064-707-0 C0044　編集担当　永瀬 敏章